场地环境快速诊断与可视化表征技术及应用

邓一荣　陆海建　赵　璐　姜利国　邓达义等　著

科学出版社

北　京

内 容 简 介

本书根据当前场地环境调查的迫切需要，结合环境工程、地球物理学等学科知识，介绍了直接传感类、钻孔地球物理测井、地表地球物理探测和遥感等技术的类型、特征及使用要点；结合实际案例系统介绍了技术的可行性、适用性及精准性；初步构建了精细化场地环境调查技术体系，弥补了目前的技术缺失，提高了场地调查技术的准确性和经济性，为实现土壤与地下水污染防治精细化管理提供技术支持。

本书可供从事土壤及地下水污染防治相关工作的科研及技术人员参考使用。

图书在版编目（CIP）数据

场地环境快速诊断与可视化表征技术及应用／邓一荣等著 . —北京：科学出版社，2024. 11

ISBN 978-7-03-074238-4

Ⅰ . ①场… Ⅱ . ①邓… Ⅲ . ①场地–环境管理–研究 Ⅳ . ①X8

中国版本图书馆 CIP 数据核字（2022）第 237912 号

责任编辑：王 倩／责任校对：樊雅琼
责任印制：赵 博／封面设计：无极书装

科学出版社 出版
北京东黄城根北街 16 号
邮政编码：100717
http://www.sciencep.com

北京市金木堂数码科技有限公司印刷
科学出版社发行 各地新华书店经销

*

2024 年 11 月第 一 版 开本：787×1092 1/16
2024 年 11 月第一次印刷 印张：14
字数：330 000

定价：188.00 元
（如有印装质量问题，我社负责调换）

序

随着我国"退二进三"和"退城进园"政策的实施以及城市化进程的进一步加快，大量关停、搬迁工矿企业遗留地块存在的潜在土壤污染隐患对人居环境安全和公众健康构成了威胁。2014年《全国土壤污染状况调查公报》显示，我国工矿业废弃地土壤环境问题突出，污染类型以无机污染物为主，超标点位数占全部超标点位的82.8%，有机污染物次之；其中工业废弃地的超标点位占34.9%。同时，地下水的环境质量也正受到来自城镇生活污水、工业废水排放和农业面源污染的威胁。根据《2020年中国生态环境状况公报》报道，自然资源部门的10171个地下水水质监测点中，Ⅰ~Ⅱ类水质的监测点仅占13.6%，Ⅳ类占68.8%，Ⅴ类占17.6%。水利部门10242个以浅层地下水为主的水质监测点中，Ⅰ~Ⅲ类占22.7%，Ⅳ类占33.7%，Ⅴ类占43.6%。排除水文地质化学背景这一影响因素，环境污染是影响地下水水质的主要原因。

2018年，在全国生态环境保护大会上，习近平总书记强调，要全面落实土壤污染防治行动计划，突出重点区域、行业和污染物，强化土壤污染管控和修复，有效防范风险，让老百姓吃得放心、住得安心。党的二十大报告明确提出，加强土壤污染源头防控。自2016年《土壤污染防治行动计划》、2018年《中华人民共和国土壤污染防治法》以及2019年《地下水污染防治实施方案》颁布实施以来，围绕保障农产品质量安全、人居环境安全和地下水饮用水环境安全，土壤与地下水环境管理的"四梁八柱"制度体系已基本建立。

然而，由于我国土壤污染防治工作起步较晚，各项工作基础薄弱，经验相对不足。例如，生态环境部虽然发布并实施了《建设用地土壤污染状况调查技术导则》等系列技术标准，但作为土壤污染环境调查领域中最传统的调查方法，其在点位布设、采样深度设置、探测速度和效率以及经济成本等方面具有一定的局限性。随着认识的不断深入，科学技术部、生态环境部等五部门印发的《"十四五"生态环境领域科技创新专项规划》提出了要"研发土壤污染科学评估、多维精细刻画和精准预测预警技术"。为积极应对"十四五"期间深入打好土壤污染防治攻坚战，需要科技创新解决污染治理中难啃的"硬骨头"，该书旨针对目前我国土壤环境污染调查工作技术手段薄弱的问题，为探索靶向、高效、精准的集成技术与方法应用于污染地块土壤环境调查提供思路。

该书从方法论的角度，重点对发达国家在土壤污染快速诊断与可视化表征技术上的主要经验进行了描述和介绍，包括传统以及改进方法的基本原理、设备组成、操作方法、技术优势、局限性等，以及如何使用这些改进技术开展高效、经济和准确的场地环境表征项目，还分享了国内外原位快速表征技术与传统场地环境调查技术的联用等具体案例。相信该书的出版将有助于广大科技工作者和相关技术人员进一步加深对场地环境调查技术方法的认识，提高调查效率和准确性，同时节约调查成本，以期推动土壤与地下水精细化环境调查技术的发展。

中国科学院院士

2024 年 1 月

前　言

　　场地内环境介质是场地环境调查的重要对象，如土壤、地下水、地表水、沉积物、土壤气以及填埋或堆积的废渣、槽罐等。按照这些环境介质所处的空间位置，可以大体上分为地表介质和地下介质。地表介质易观察、易监测，而对于具有极强隐蔽特点的地下介质，要精准刻画出目标污染物的空间分布则是一项十分困难的工作。

　　我国围绕场地环境调查方面已经颁布了一系列的标准和技术导则，为国内场地环境调查工作提供了参考依据。目前，国内的场地环境调查仍然是以传统的地质钻孔取样为基础展开。然而，在经济和时间有限的前提下，采用这种单一的调查方法很难获取精细化的结果，从而导致后续的健康风险评估工作以及修复工程面临较大的不确定性。正因如此，也让人们萌生了将电阻率法、电磁法、膜界面探测等相关技术应用于场地环境调查中的想法，科技工作者们在引进、消化、吸收的基础上，构建了一系列场地环境调查技术方法，保障了精细化调查工作的顺利推进。

　　本书针对场地环境调查工作的要点、难点，提出了新理念，介绍了直接传感类技术、地球物理测井技术、地表地球物理探测技术和遥感技术的类型、特征及使用要点，最后结合实际凝练总结了典型技术的应用案例，为场地环境调查工作提供一定的借鉴和参考。

　　全书主要包括7章。第1章为绪论，简要阐述了场地环境表征的重要性，归纳了场地环境表征存在的缺陷，提出了相应的对策建议。第2章为场地环境表征方法，从传统阶段式表征方法出发，阐述了传统阶段式表征方法的发展过程及优缺点，针对传统的表征技术提出了改进的建议及对策。第3章为直接传感类技术，从技术的可行性、监管因素、可接受程度、技术成本等要素阐述了直接传感类技术（膜界面探测技术、光学图像分析技术、激光诱导荧光技术等）的选择及应用。第4章为地球物理测井技术工具，从地球物理测井的工具类型、数据采集方式以及各类测井技术的优势和限制阐述了地球物理测井技术（流体温度、流体电阻率等）的选择及应用。第5章为近地表地球物理勘探技术，阐述了地表地球物理探测技术（电阻率成像、探地雷达和电磁法）的原理、适用性以及对探测技术的选择及应用。第6章为遥感技术，介绍了场地环境表征领域涉及的遥感系统及应用场景，重点介绍了近些年兴起的无人机遥感相关设备及方法，包括无人机平台、摄影机及传感器、定向定位系统，以及无人机摄影测量的技术原理、数据采集和处理相关的主要工具和工作流程。第7章为表征技术应用案例及分析，总结了相关的案例，进一步阐述了表征技术可行性、适用性及精准性，方便读者更好地掌握相关表征技术。

　　本书的出版得到国家重点研发计划课题（2018YFC1800806、2022YFC3703105）以及NSFC-广东联合基金项目（U1911202）的支持和资助。本书由广东省环境科学研究院邓一荣主持编写，并负责统稿。广东省环境科学研究院陆海建、广州市环境保护科学研究院赵璐、辽宁工程技术大学姜利国和华南师范大学邓达义作为副主编参与了编写框架的设计、部分章节编写和统稿工作。具体撰写分工如下：第 1 章由邓一荣、姜利国、张宇霆执笔；第 2 章由姜利国、邓一荣、吴俭、李硕执笔；第 3 章由陆海建、赵璐、尹业新、田志仁、赵岩杰、谷培科、李洪伟执笔；第 4 章由邓一荣、王贺丽、廖高明、钟名誉、刘丽丽执笔；第 5 章由邓达义、刘静、吕明超、易树平、莫健莹、李韦钰执笔；第 6 章由王俊、黄灶泉、李德安执笔；第 7 章由赵璐、陆海建、姜利国、章生卫、吴耀光、邓达义、王俊、梁小阳、肖瑾执笔。汪永红院长、李朝晖副院长和朱爱强董事长在编写过程中给予了大力支持，在此对所有为本书付出努力的人员表示衷心感谢。

本书在编写过程中参考了不少相关领域的文献，引用了国内外许多专家和学者的研究成果、应用案例及图表资料，谨此向有关作者致以谢忱。

鉴于时间仓促和知识经验有限，书中难免有疏漏之处，恳请各位读者批评指正。

作　者

2023 年 12 月

目　　录

第 1 章 绪 论

1.1 场地环境表征的重要性

场地环境表征是大多数环境项目的基础，无论环境项目的关注点是长期监测、风险评估、修复，或是其他目的，在场地环境表征过程中，必须获取与场地条件有关的基本信息，以及指导项目决策的重要数据。因此，必须在经过缜密思考和规划后，才可以进行场地环境表征，并为实现与后续项目有关的某个特定目标提供支撑。如果在执行场地环境表征前的准备工作和规划不充分，通常会导致后续项目执行过程中反复回到现场收集额外的数据，造成工作效率低和成本超支。如果所获取的现场环境条件不充分或质量不合格，通常会得出不准确或误导性的结论，从而延迟对问题的适当响应，并增加对人类健康和环境的威胁。这也可能导致风险管控或修复活动设计不恰当，最终导致项目成本增加，甚至使风险管控或修复活动完全失败。

从本质上讲，场地环境表征活动所获取的信息与实际情况之间总是存在着差距，因为我们不可能对现场的每一粒土、每一滴地下水或地表水进行取样和分析。因此，成功的场地环境表征活动完成时或信息得到准确解释后，调查结果与实际情况之间不应有非常显著的差距。为了减小场地环境表征结果的不确定性，应收集大量高质量数据以满足项目目标。同时，应聘请有经验的环境专业技术人员对调查所获得的数据进行解释，以构建一个可以准确描述现场环境条件的三维场地概念模型（conceptual site model，CSM）。

作为监测、风险评估和修复工程的基础，场地环境表征必须提供关键数据集，以使得这些项目得到有效的设计和实施。场地环境表征期间所收集的数据通常用于确定现场的环境条件，包括在某个时间点的空间上，针对特定介质（即土壤、地下水、地表水或空气）或多种介质的环境和人为影响。这种以"快照"视图作为基础的场地条件，是围绕场地开展进一步工作的基础。场地环境表征结束后，下一步（如果需要）在现场开展的工作通常是监测活动。监测活动的目的是获取现场或特定介质中环境条件（如地下水位、某种化学物质的浓度）随时间变化的信息。监测活动通常在固定位置（即地下水监测井、地表水排放点）上实施。反过来，这些监测信息通常将用于决策是否需要在现场进行额外的工作（如是否需要采取修复活动）。决策的依据通常是基于现场条件所具有的潜在风险（如地下水污染羽流正在向供水井移动）。综上所述，从场地环境表征到风险评估，直至风险管控以及修复工程，对场地环境条件精细化程度的要求逐渐提高，CSM 也将随之逐步完善。

1.2　场地环境表征的难点

对于地下水长期监测项目和环境修复项目，导致项目失败的主要原因包括：①场地地质条件和水文地质条件定义不准确或不完整，导致监测井定位不当，或选择了低效的修复技术；②污染物分布定义不当，导致监测井太少或太多无法完成项目目标，或污染区域修复不完全或不彻底；③化学数据收集不充分即分析物不正确或检测限有误，导致监测的化学参数太少，进而选择不适当的分析方法，或选择不适当的修复技术。

从国外污染场地的修复历史来看，产生上述问题的根本原因是因为收集和分析环境样本的成本过高，从而限制了为描述现场条件而收集的数据量。为了使地下水长期监测方案取得成功，在场地环境表征中必须获得具体和详细的地下水条件信息，用以支撑监测井或监测网的设计以收集代表性样本，以及确定何时收集样本才能准确描述地下水化学性质随时间的变化。为了使修复工程取得既定的目标，场地环境表征活动必须获取关于目标污染物的具体和详细的信息，以支撑决定哪些修复方案最适合处理现场特定问题，以及何时何地应用这些方案以获得最佳效益。

1.2.1　异质性问题

在绝大多数的场地环境调查中，与污染物相关的数据（如种类、浓度等）是通过从环境介质中采集少量的小体积样品并分析其痕量污染物而产生的。痕量分析每个样品的成本很高，因为令人满意的分析结果需要精密仪器（图1-1），以及经验丰富且经过适当培训的实验人员。因此，为了降低调查费用，大多数的业主希望可以尽量减少分析样本数量。

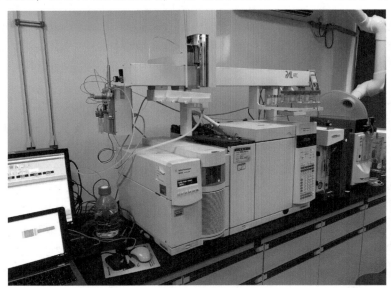

图1-1　土壤中挥发性有机物（VOCs）含量测试分析所用的吹扫捕集–气相色谱质谱仪器

这样做的结果往往会形成一个并不能代表现场实际条件的数据集（Crumbling，2002；Crumbling et al.，2003）。然而，与数据集的非代表性问题相比，更为严峻的问题是进行化学分析的土壤样品体积（子样品）还要远远小于现场采集的土壤样品体积（图1-2），然后再将分析结果外推到母体基质以生成最终的结果，从而增加了获得高度变异结果和扭曲数据集的风险（Gilbert and Doctor，1985）。

(a)劈管式采样器

(b)土壤VOCs含量测试所用采样器

图1-2　场地环境调查时通常使用的采样器

　　如果污染物在整个母体基质中以几乎恒定的浓度存在（即基质和基质内的污染物分布都是均匀的），那么仅基于几个样品得出关于母体基质的结论将是直接和有效的。然而，环境介质并不是均质的，而异质性的范围从中度到高度不等，这就使得基于小样本的外推结果存在较大的不确定性。

　　现场研究表明，由于被分析基质的异质性（环境和污染物异质性的结合），在大多数场地环境调查中，基于小样本分析结果的推断的置信度受到了严重的限制（Crumbling et al., 2003)。环境异质性是土壤和地质材料（图1-3），以及土壤气体、土壤孔隙水、地下水、地表水甚至是大气所固有的属性。众所周知，环境异质性强烈影响污染物的异质性，导致许多关注污染物（contaminants of concern，COCs）[特别是非水相液体（NAPL）]的分布，在仅有1~2 m 的垂直和水平距离上可能会发生几个数量级的变化（Ronen et al.，1987；Cherry，1992；Puls and McCarthy，1995）。污染物的异质性也是污染物传输机制、分配行为以及污染物与环境介质相互作用产生的传输和转化机制的结果，所有这些也都是基于场地的特定条件产生的。

图1-3　污染场地土层的异质性

　　异质性对于数据的不确定性影响是众所周知的。在20世纪80年代之前，环境调查人员已认识到基质的异质性影响了他们从分析数据中得到可靠的结论。1991年，美国国家环境保护局（EPA）公布了一个专家组关于对环境异质性影响的研究结论。该结论指出：污染场地中70%~90%的数据变异性是由于自然和原位异质性所引起的，而数据的生成过程（如样本采集程序、现场样本处理、实验室样本处理和净化、实验室分析、数据处理、数据报告和数据解释）仅贡献了10%~30%的变异性。然而遗憾的是，实际中用于提高数据质量的大多数方法都集中在改进数据的生成过程上，而不是增加用于描述环境条件的样本数量和密度。

　　基于传统场地环境表征程序所做出的关于风险和修复的决策失误是不可避免的，因为传统的场地环境表征程序主要依赖静态的、范围有限的抽样程序和昂贵的实验室测试分析。在传统的场地环境表征工作计划中，由于受到预算经费的限制，与能够准确表征现场存在的异质性介质和污染物分布所需的样本数量相比，可以分析的样本数量相对较少，很少会为了现场构建完善的CSM而需要质量非常高的数据（Crumbling et al.，2003）。然而，如果没有可靠的CSM来支持传统场地环境表征提供数据点的代表性，那么即使这些数据具有较高的分析质量，仍可能会误导决策甚至导致决策错误。

当抽样点密度（每单位体积环境介质中的样本数量）不足以准确表示介质的异质性程度时，则会产生不完整或不准确的 CSM，并导致决策错误。如果对污染物性质和污染程度的估计具有较大的偏差，那么对暴露途径的重要性以及其所代表的风险的解释有可能是错误的。在地下水的长期监测项目中，如果对监测井的空间位置，尤其是筛管段长度的判断有误，则获取的关于污染物分布范围、浓度水平以及迁移模式的图像是不准确的。对污染场地的修复工程的设计可能无法在所期望的时间内达到所要求的修复目标，从而导致需要重新开展调查评估以确定原因，并可能在发现意外污染存在时进行额外的修复工作。

当对非均质的环境介质进行评估时，获取具有代表性的数据并非易事。尽管从介质中获取的数据信息可能是准确的，即分析结果对于所分析的小样本而言是准确的，但是将这些基于小样本的结果外推至 CSM 所代表的更大尺度的介质中，通常会产生具有误导性的 CSM，这可以表示为抽样误差（sampling error）。当测试分析的结果是准确的，但是所分析的样本并不具有代表性时，就会出现抽样误差。导致抽样误差产生的因素称为抽样不确定性（sampling uncertainty）。环境介质几乎总是具有异质性，因此抽样误差可能会产生不准确和具有误导性的 CSM，进而导致决策错误。

在大多数传统的基于网格的抽样策略中，空间异质性是导致抽样不确定性的一个主要因素。主要的问题在于，采集少量的样本（即使样本具有高质量）会导致调查工作遗漏重要的污染区域，从而无法确定污染的真实程度，尤其在存在着离散分布的污染"热点"（hot pot）的场地情况下。当仅采集了很少的小样本时，数据分析人员只能尝试着将实验室对小样本（通常仅有几克重）的测试结果外推至样品需要代表的介质体积，二者之间的质量可能相差 6 个数量级以上。当使用统计学理论进行计算时（如平均值的计算），通常会包括如下的假设：网格内的小样本的结果代表整个网格块的污染浓度。这一假设的有效程度取决于 CSM 的构建方法，即数据解释人员认为污染物是如何到达该网格单元，以及污染物的释放机制是否可能在该网格单元内产生均匀的污染物浓度（Crumbling，2002）。不合理的场地环境表征使得污染似乎比实际情况更为广泛，当未受污染的环境介质与受污染的介质混合在一起时，不必要地增加了待修复介质的体积，从而不必要地增加了修复成本，人为地降低了修复工作的效率（ITRC，2003）。

构建 CSM 的数据集和修正 CSM 的总体不确定性时，最好使用成本较低的测试分析（如基于现场的测试分析）方法，从而可以在相同的经费预算下增加采集的样本数量（Crumbling，2001）。本书后续章节将着重介绍场地环境表征技术的改进方法，这些方法通常具有较低的测试分析成本，从而可以采集大量的现场数据或信息来构建 CSM，大大降低与抽样相关的不确定性。在此基础上，经过仔细斟酌和挑选后，再选择使用成本较高的实验室测试分析，来管理与测试分析相关的不确定性。在实验室内开展的测试分析主要针对那些具有已知代表性的样本，从而用来回答现场测试分析无法解决的问题。通过这种方式改进的场地环境表征方法使用的是第二代数据质量模型。该模型与使用分析不确定性作为总体数据不确定性的传统方法不同，其通过仔细和明确地管理采样不确定性，且改进后的场地环境表征方法可以使项目团队专注于所有数据不确定性的来源，并指导采样点位置和调查技术的选择，最大限度地减少决策失误（Crumbling et al.，2003）。

1.2.2　代表性问题

在应用 PARCC [precision（精度）、accuracy（准确性）、representativeness（代表性）、completeness（完整性）和 comparability（可比性）] 参数评估环境数据质量时，代表性经常被忽视或误解。代表性对数据质量至关重要，其定义为样本数据准确和精确地代表总体特征、采样点参数变化以及环境条件的程度（U.S. EPA，1987）。代表性是一个定性参数，主要取决于抽样程序的适当设计（Jenkins，1996）：抽样设计必须结构化，以便数据可以可靠地从抽样点扩展到更大的样品体积。环境调查人员通常习惯认为代表性仅与采样点的参数变化密切相关，因此着重强调测试分析的准确性和精度，以及化学数据的完整性和可比性。

环境数据可能是准确、精确、完整和可比的，但若不能代表现场条件，它们就变得毫无意义。如果基于不具有代表性的数据来进行修复工程的设计，可能会造成修复的失败，从而造成严重的经济损失。高估或低估现场污染程度的主要原因通常源于采样和分析程序的不当设计，包括：①针对正确的污染物分析了不具有代表性的样本；②针对不正确的污染物分析了具有代表性的样本；③针对不正确的污染物分析了不具有代表性的样本。上述3种情况均偏离了所调查的场地的真实情况，对于后续的监测或修复活动均不具有指导意义（Popek，1997）。

代表性的概念要求支持数据的尺度（空间、时间、化学物质等）与做出预期决策所需的尺度相同（在允许的不确定性范围内），包括是否存在可接受的风险，有多少污染必须被去除或处理，何种可替代的处理方式是适合的，什么样的环境基质需要监测，在何地、何时需要监测哪些物质以及如何进行取样（Crumbling，2002）等。由于异质性的影响，收集在风险评估、长期监测和修复决策尺度上真正具有代表性的样本和数据需要考虑在不同尺度下进行，这在传统的场地环境表征项目中是不常见的。例如，只有在水平方向上使用几米的样本间距和在垂直方向上使用小于1m（或连续采样）的样本间距进行调查时，才能发现离散型的污染模式（热点）。如果按照传统方法在水平方向上的样本间距取为50～100 m、垂直方向超过 1 m，则很少可以检测到热点（图1-4）。然而，在所有可能的尺度下以代表性的方式表征一个场地的所有相关属性并不是一种有效的方法，因此必须有一个理由来决定哪些尺度是重要的。项目规划的目的是了解决策的规模，确定需要解决哪些不确定性才能做出合理的决策，并设计一个数据收集方案，提供信息来管理这些不确定性（Crumbling，2002）。

尽管环境调查人员在场地环境表征方面积累了丰富的经验，但许多调查人员历来对数据质量目标（data quality objective，DQO）模型知之甚少（U.S. EPA，1994）。环境调查人员通常是遵守严格的分析协议和数据验证程序（即专注于分析准确性和精度）以实现DQO，而不是专注于项目整体目标和实现这些目标的手段。此外，迫于经费预算和项目进度压力，调查人员经常减少样本数量和采样位置（从而降低数据代表性），且用不相关的测试代替正确的分析方法。过分强调昂贵的分析方法和数据验证将会导致得出现场条件的误导性结论以及对监测或修复考虑不周。相反，调查人员应专注于了解调查目标，确定数

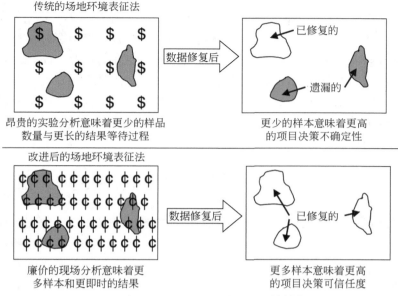

图 1-4　场地环境调查中通常采用的抽样方法

据的预期用途，设计具有代表性的采样程序，并使用能够产生高质量结果的现场分析技术；同时，应该着重强调地质统计分析，因为这更适合于空间模式建模，也将产生比传统统计模型更具成本效益的抽样设计。

从成本的角度来看，仔细管理样品代表性是不可想象的，因为来自标准固定实验室分析的数据是监管机构接受的唯一数据。但如果从分析方法和实验室性能的角度来定义 DQO，那么监督数据质量就容易多了。用这些术语定义 DQO 的问题在于分析数据是从环境样本中产生的，而环境样本则是从具有固有异质性的环境介质中收集的。即使是完美的分析质量也不能保证样本采集会产生代表现场条件的数据。环境介质的异质性越强，数据集就越有可能因为采样程序设计或者因为不能代表基质样本而出现偏差（Crumbling et al.，2003）。

为了使数据选取具有代表性，必须设计一个场地环境表征程序，以便调查人员在特别关注的区域（即污染源区、优先流动路径和暴露点）提供关键数据的空间密集三维覆盖。三维方法采用各种调查方法和工具（包括产生高质量数据的许多类型的现场分析方法）可以非常准确地描绘地下污染、关键物理特征、控制污染物运动的重要特征以及准确估计所有相态的污染物质量。上述所有因素均必须有明确的界定，以便调查人员评估修复方案的适用性和所选择修复方案的有效性（Barcelona，1994）。

另一个复杂的因素是关于风险的决策通常是基于对受体暴露的基质中平均条件的估计。与修复相比，关于降低风险（风险管控）策略的决策通常是基于区分污染程度较高、需要修复的区域和污染浓度较低、可能不需要修复或清除的区域。如果数据不具有代表性，那么依据这些数据所做出的决策是有缺陷的（Crumbling et al.，2003）。传统的 DQO 模型仅关注分析方法的性能，通常忽略了抽样不确定性和基质异质性的重要性。这并不是可靠的做法。环境专业人员必须更新其数据质量模型，以反映场地环境的实际情况。实际上，目前已有的技术、工具、现场方法和抽样方法可以经济、高效地实施更健全的 DQO。

更新旧数据质量模型的一个更令人信服的理由是，当非代表性数据导致错误决策时，会增大财务和责任风险。因为试图在场地环境表征期间节省下来的资源，与由于决策失误而导致不断修改修复工程方案相比，前者可能会节省出更多的资源。Popek（1997）指出，基于调查经费预算考虑而降低现场调查的全面性，都会在修复工程实施时再次困扰利益相关者。事实上，修复工程案例已经证明，基于传统场地环境调查方法的结果通常并不能真实反映现场实际情况。使用不完整的场地环境调查数据往往导致低估或高估污染程度，有时甚至达到惊人的程度。

1.3　场地环境表征的目的

大多数场地环境表征项目的目标是提供对场地物理条件（土壤、地理、地质、水文和生物）的了解，评估地表和地下污染的类型、分布和程度，并确定污染物迁移途径、潜在受体的位置以及暴露途径和暴露点。这需要调查人员能够确保评估监管的合规性，确定现场对人类健康和环境造成的风险，评估长期监测的适当性，评估修复的必要性和责任，并确定适当的修复水平。需要表征的场地类型通常包括受控和未受控的危险废物场地，受控和未受控的工业和城市固体废物以及其他非危险废物处置场，石油产品精炼、输送和储存场所以及涉及房地产交易的场地。每个被调查的场地都会有其必须揭示的特定问题，调查人员必须建立符合项目特点的具体目标。

通常在场地环境表征项目中需要明确的项目目标包括：

（1）确定小型场地的环境条件，为地块转让或准备填埋许可申请做准备。

（2）确定地下水条件（包括地下水深度、地下水位或封闭条件、流速和流向、水力坡度等），为制定环境监测计划做准备。

（3）确定地下水条件以及地下水中是否存在污染物，以便设计地下水监测方案。

（4）确定地下水系统中的污染程度，以便设计评估和监测方案。

（5）确定场地中几种环境介质中多相化学污染物复杂混合物的性质和空间范围。

（6）评估场地是否适合用于做工业或市政废物的处理或处置的场所。

（7）评估场地对未来某些土地开发利用的适宜性，这些利用方式可能会受到场地特点的影响，如洪水、地震活动或滑坡等。

（8）评估土壤对农业活动的适宜性，以尽量减少土壤侵蚀和农药污染。

1.4　场地环境表征的数据需求

在进行场地环境表征时，考虑到项目的目标将有助于调查人员专注于收集所需的数据类型、数量和质量，从而使调查更具成本效益。污染场地的成功监测或修复在很大程度上取决于场地环境表征过程能否收集到足够的数据，以准确定义一些重要因素：

（1）场地内所存在的污染物的主要来源区域和次要来源区域的位置和范围、可能的释放量以及释放的方式（如连续释放的速率和时间、间歇释放的周期）。

（2）场内各种环境介质中存在的污染物的物理和化学性质；可能影响污染物分布的主要化学、物理和生物过程（即溶解、对流、弥散、扩散、吸附/解吸、沉淀、挥发、生物转化和生物降解），以及污染物在地下环境中可能的行为（在归趋和迁移方面）。

（3）场地内所有环境介质中污染物的三维空间分布和浓度，包括所有相态（残留相、溶解相、蒸气相和非水相），以便量化存在的污染物的质量。

（4）场地的土壤、地质和水文地质条件，特别是存在的异质性程度（重点是存在的优先迁移路径和运动阻碍）及其可能对污染物在环境中的行为所产生的影响。

（5）存在的潜在暴露途径和受体，包括水井（市政、民用、农业和工业）、地表水取水口、带有地下室的建筑物、公共设施管道和生态敏感区。

表1-1列出了场地环境表征活动通常需要产出的具体数据类型及其解决的因素。

表1-1　场地环境表征项目通常所需的数据类型

分类	详细分类	数据内容
1. 土壤和非固结性的地质材料参数	1.1 类型和性质	包括质地、粒径分布、分选程度、容重、异质性程度、沉积结构（层状、互层、侵蚀性等）、风化程度、耐久性程度、沉积来源（冲积、冰川、海洋、湖泊、风化）等
	1.2 分布	包括厚度、区域范围、地形位置等
	1.3 物理性质	包括气体渗透率、毛细性、温度、颜色等
	1.4 水力学性质	包括水力传导性（饱和及非饱和）、渗透率、孔隙度（类型、数量、总孔隙和有效孔隙度）、基质吸力、湿润性、含水率、持水性、透水性、储水性、比流量、入渗或蒸发速率等
	1.5 化学性质	包括矿物成分、阳离子交换量、有机碳含量、pH、养分含量、氧化还原电位、主要离子等
	1.6 微生物方面	包括微生物种群（类型和数量）等
2. 基岩的地质学参数	2.1 类型	包括岩性（岩石类型）、层理、粒径分布（对沉积岩而言）等
	2.2 分布	包括厚度、区域范围、边界、露头区域等
	2.3 物理性质	包括结构（裂隙、断层、褶皱、不连续性）等
	2.4 水力学性质	包括导水率、透水性、孔隙度（类型、数量、总孔隙和有效孔隙度）等
	2.5 化学性质	包括矿物成分等
3. 地下水参数	3.1 产状条件	包括承压/半承压/越流/潜水、地下水位埋深、毛细管带埋深、水位波动、与地表水关系、补给/排泄区位置和数量、每个含水层/隔水层的厚度和分布范围、各含水层间的水力联系等
	3.2 运动条件	包括流向、水力梯度（水平方向和垂直方向）、流速、季节性或潮汐性变化等
	3.3 物理性质	包括水温、浑浊度等
	3.4 化学性质	包括pH、主要离子（氮、硫、铁、锰等）、溶解氧、甲烷/二氧化碳/硫化氢含量、有机碳含量、氧化还原电位、电导率、总溶解性固体、盐度、上游关注污染物的背景值浓度、化学性质的季节性波动等
	3.5 微生物方面	包括微生物种群（类型和数量）等
	3.6 利用模式	包括类型（市政/居民/商用/工业/农业）、数量、取水点位置

分类	详细分类	数据内容
4. 地表水参数	4.1 产状条件	包括静态/动态、排泄模式和区域、宽度和深度、标高、存在的流动障碍、分层性、与地下水的水力联系等
	4.2 运动条件	包括流向、水力梯度、流速、入流/出流量、沉积物迁移或沉降区、洪水频率和持续时间等
	4.3 物理性质	包括水温、浑浊度、悬浮物等
	4.4 化学性质	包括 pH、主要离子、溶解氧含量、电导率、总溶解性固体、生化需氧量（BOD）、化学需氧量（COD）、上游关注污染物的背景值浓度等
	4.5 微生物方面	包括微生物种群（类型和数量）等
	4.6 利用模式	包括类型、数量、取水点位置等
5. 污染物参数	5.1 类型	包括无机、有机、生物类等
	5.2 物理性质	包括溶解度或混溶性、密度或比重、表面张力、挥发性（蒸汽压、亨利常数）、吸附系数（无机物的 Kd 值、有机物的 Koc 值）、介电常数、湍度、毒性、反应性、易燃性、腐蚀性、生物降解性、持久性等
	5.3 化学性质	包括化学组分、浓度（所有介质、所有相态–蒸气相、溶解相、非水相液体（nonaqueous phase liquid，NAPL）、残留相）、类型（金属类）、降解产物或降解途径等
	5.4 分布	包括受影响的介质、区域范围（水平和垂直）、主要赋存相态等
	5.5 释放细节	包括释放的类型（事故性/周期性/长期性）、位置、体积、释放时间、源类型（点源型/扩散型）等
6. 设施参数	6.1 类型	包括地下储罐、地表储罐、填埋区、地表蓄水池等
	6.2 位置	包括地面以上、地面以下、与场地边界的相对位置、可进入性等
	6.3 设计和建造特征	包括防渗措施、渗漏收集系统、防溢性措施、护堤、分配设施等
	6.4 运营特征	包括废物和中间产物的处理、吞吐量和排放点等
	6.5 历史使用情况	—
7. 其他重要参数	7.1 所涉及的区域面积	—
	7.2 地貌与地形特点	—
	7.3 气候条件	包括水量平衡（降水量/蒸发量）、气温、季风方向和速度、极端气候条件的频率等
	7.4 植被覆盖	包括植被类型、覆盖区域、物种多样性、季节性变化等
	7.5 周边土地使用情况	包括类型（居住用地、商业用地、工业用地、农业用地等）、土地利用历史、以往和当前的使用情况和设施等
	7.6 存在和潜在的受体	包括人类（有地下室的建筑、公共和私人供水井、公共设施廊道）、野生动物（地表水生物、湿地生物、生态敏感区）等
	7.7 存在和潜在的人为影响	包括抽水井、注水井、灌溉盆地、脱水设施（砂石洗选场、矿山、开挖等）等

　　场地环境表征项目必须能够收集足够数量的此类数据，且这些数据的质量足以满足计划目标，这是建立有用的长期监测计划、建立现实的修复目标以及选择适当的修复技术的关键。

第 2 章　场地环境表征方法

2.1　传统阶段式表征方法

　　直至 20 世纪 90 年代中期，美国的场地环境调查项目几乎都是采用分阶段或分期的方法进行。采用这种方式的调查工作以及数据信息收集是以碎片化方式进行的（Nielsen，1995）。这种调查方法始于 20 世纪 80 年代初期，当时确有充分的理由采取这种谨慎的分阶段方法来描述场地特征。首先，需要在场地环境调查这一新领域内建立一条认知的基线。然后，在更为复杂、具有强烈异质性的水文地质环境中对污染物的行为进行预测。此外，当时的测试分析方法是按照美国环境保护署（EPA）SW-846 中规定的方法，该标准要求仔细记录测试分析程序和实验室的受控环境，以有效地对质量控制进行监督。当上述这些因素与出资方（政府或企业）的财政预算周期相结合时，就不难理解阶段式的调查方法为什么会成为公认的方法，尽管该方法非常昂贵和耗时。

　　分阶段式的方法其目标是通过从调查的初始阶段到第二阶段，再到第三阶段，以此类推，从而逐步了解场地条件，直到充分了解场地条件。我国目前的场地环境调查也借鉴了此种分阶段的表征方法。许多场地环境调查项目在采用这种方式时，调查时间会长达数年之久，并且有多数项目仍不能获取满足项目目标所要求的数据，包括数据类型、数据量和数据质量。尽管许多按照这种传统方式开展的场地环境调查项目最终取得了成功，但是通常会给场地所有者带来非必要的高昂成本。本节将详细介绍阶段式场地环境调查的方法。

2.1.1　第一阶段

　　在场地环境调查的第一阶段，通常由项目组成员对目标场地可使用的背景信息进行回顾，从而为制定采样和测试分析方案提供必要的基础。大多数的调查人员首先会采用基于网格的采样方案，并试图在控制测试分析成本的同时在最大程度上使采样范围覆盖整个场地。对于大多数的环境介质而言，采样方案的重点是平面上的设计。项目组预先确定采样点的位置、数量以及所使用的测试分析方法，并制定严格的工作方案。工作方案在实施前通常需要获得监管部门的审查和批准。在实施过程中，除非在现场出现意外情况（如现场发现之前未曾了解到的地下储罐、发现新的污染热点、存在其他障碍物无法开展钻探工作等），否则工作方案是静态的。工作方案得到论证和批准后，现场工作启动，场地内环境介质（土壤、土壤气体、地下水、地表水或沉积物）的样本以及其他相关现场数据由调查人员收集。在为地下水长期监测或土壤和地下水修复而做准备所进行的调查中，采样方案侧重于对土壤、地质地层材料和地下水进行采样。

根据目标场地的大小，通常在 40 ~ 60 m 的网格中心钻取几个至几十个土壤钻孔，以确定浅层土壤条件和场地的地质条件。在钻孔内通常会使用标准的分体式取样器进行取样。取出的土样通常在现场进行检视，确定土样的物理性质（如粒径、颜色、分选程度、含水率等），并且通过目视鉴别来探查土壤被污染的证据。土样通常会在现场针对关注污染物选择适合的设备进行筛选性测试，如对于挥发性有机物（VOCs）通常会选择火焰离子化检测器（flame ionization detector，FID）或者是光离子化检测器（photo ionization detector，PID）进行筛选性测试；对于金属类物质通常会选择使用便携式的 X 射线荧光探测器（x-ray fluorescence spectrometer）进行筛选性测试。然后将选出的土样按照要求进行封装、编号，转运至分析实验室进行化学分析。根据所需的测试分析方法的复杂程度不同，实验室测试分析的周期通常在 6 ~ 10 周。

地下水监测井通常仅是以现有的信息为指导，安装在预先选定的位置（最低数量通常是 4 口），并希望所安装的大多数监测井均位于场地内关注区域的下游区域。大多数情况下，地下水监测井与某些土壤钻孔共用一个钻孔。监测井的设计通常包括 2in① 的聚氯乙烯（PVC）套管和筛管。在一个场地内，筛管段的长度以及所使用的滤料均是相同的，通常不考虑关注区域的含水层厚度和粒径组成。地下水位的相关信息从所设置的监测井中获得，以确定平面上的地下水流动方向和梯度，而不考虑垂直流动或垂直梯度。地下水样品的采集通常使用贝勒管，在取样前通常需要进行洗井，洗井的水量通常为井内存水量的 3 ~ 5 倍。地下水样品可以在现场进行过滤（也可以不过滤），以去除水中的固体。水样按照要求进行封装、编号，转运至分析实验室进行化学分析。

在分析结果出来之前，采样人员将离开现场，经过 6 ~ 10 周的等待期后，将所有的分析数据与现场收集的其他数据一起进行汇总和评估。数据解释是在现场调查后进行的，记录异常结果，确定数据空白，并编制报告以记录调查结果。

第一阶段调查的结果通常侧重于绘制污染边界，而不是确定污染源区域（污染水平最高的区域）或确定最重要的污染物质量。第一阶段调查工作中所收集的数据点通常较少，因此结果通常表明需要扩大工作范围，包括采集更多样本和在不同位置安装更多的监测井。然后计划下一阶段的调查，以解决第一阶段提出的异常和不确定性，填补数据空白，并确保土壤和地下水系统的各方面（背景、上游、下游和其他区域）都得到充分表征。在某些情况下，在实际存在污染的区域缺乏采样点，可能会错误地表明不存在污染，从而使调查过早地结束。这可能导致关于是否需要在现场开展进一步工作的错误决定，以及场地所有者虚假的安全感。反过来，当将来发现调查本应发现的污染时，这可能会导致调查人员或者场地所有者承担法律责任。

2.1.2 第二阶段及后续阶段

场地环境调查项目的第二阶段需要编制第二个工作方案并获得监管部门的批准，场地环境调查项目的第二阶段将基于第一阶段的工作成果来编制第二个工作方案，并获得监管

---

① 1in = 2.54cm。

部门的批准。第二阶段将重点关注现场检测到污染的区域，特别是存在潜在污染物的迁移途径或者是受体暴露途径的区域。在该阶段中，通常采用与第一阶段相同的采样方案、现场调查方法以及分析测试方法。这种过程将持续至第三阶段、第四阶段以及后续阶段，直到污染的程度被充分定义。

实施分阶段调查方法所需开展的工作次数以及所需要进行实验室分析测试的样本数量极大地增加了调查的成本。赞同分阶段调查方法的人认为：根据前面若干个阶段所收集的数据，通过逐步提高抽样的选择性，可以在一定程度上"收回"在多个调查阶段的费用。然而，采用分阶段的调查方法往往需要花费大量的时间（即使小型场地通常也需要 6 个月到 1 年多的时间），而在此期间，污染可能会发生扩散，使得监测或修复变得更加昂贵和困难。此外，大多数使用该方法的调查人员往往重点倾向于二维平面问题，专注于确定污染物的水平范围，而不是将其视为一个三维空间问题来定位和量化污染物，而这一点对修复设计往往更为重要。由于对地质介质进行连续取样（包括深层取样）以及安装嵌套井和井簇来确定土壤和地下水污染的垂直范围具有较大难度，同时也需要较高的费用，所以有许多分阶段的调查项目忽视了地下污染的三维性质，仅仅是在局部确定了问题的所在。因此，所报告的场地条件往往是不完整或不正确的，也导致长期监测或修复方案的设计无效。

从 20 世纪 90 年代开始，随着人们越来越重视场地环境调查以及随后的风险评估、监测或修复活动的经济性、效率性和质量性，并且应用于场地环境调查技术的不断进步，分阶段调查方法已经逐渐失去了其主导性地位（Nielsen，1995）。尤其是开发了许多可以原位实时表征土壤和地下水状况并实时分析样品中大多数环境污染物的技术，这些技术在不产生大量调查衍生废物的条件下，能够快速采集土壤、土壤气和地下水样本（通常是连续采集）并同时收集地下剖面信息的重要参数。综合这些功能，可以将分阶段调查方法压缩为一到两次的现场活动，这为发展新型场地环境调查方法指明了方向。这些方法有望大大减少场地环境调查项目所需的时间和成本，同时提高收集的数据质量和整体项目效率。

2.2 改进的场地环境表征方法

2.2.1 背景

大多数新型场地环境调查方法都借鉴了环境领域之外使用的两种历史场地环境调查方法之一，即多工作假设法（multiple working hypotheses method）或观察法（observation method）。

多工作假设法最初由 Chamberlain（1980）提出并应用于地质学方面的研究。该方法涉及一个迭代过程，其过程如下：

（1）从观察地质学的某些方面开始，并寻求解释。

（2）提出多种理论或假设，为观察到的情况提供可能的解释（即根据稀少的信息创建一个概念模型，以描述可能存在多种解释的地质特征）。

（3）使用所提出的假设进行预测。

（4）在现场进行测量和进一步观察，以检验这些预测，并确认或反驳一个或多个假设。

（5）得出结论，认为其中一个假设是正确的；或者根据实地测量和观察，完善概念模型。

（6）重复这一过程，直到只剩下一种合理的解释来解释所研究的地质特征为止。

多工作假设法非常适合在场地环境调查的初期使用。相比较而言，在初期阶段使用观察法困难程度较高，因为此时污染物潜在迁移途径的概念化是基于数量相对有限的观察结果，而对于所观察到的结果可能存在着多种解释。

观察法是一种在不确定条件下进行工程设计的系统方法，最初由 Terzaghi（1920）提出并在 1920～1950 年应用于岩土力学的调查，并由 Bjerrum（1960）和 Peck（1969，1975）进行了归纳性的总结记录。该方法是针对岩土特性表征和岩土工程设计的调查过程，其特点是对岩土特性的表征、工程的设计以及施工是同时进行的。观察法认识到虽然可以投入大量的时间、费用和精力来试图描述复杂的地下条件，但场地的残余不确定性仍然可能会很大，因此预计会对设计和施工进行必要的修改及变更。随着施工的进行，可基于对土壤系统的变化和响应的观察来修改工程的设计。该方法的一个关键要素是需要对最可能的条件以及导致偏离这些条件的最不利因素进行预期性估计。观察法包含的要素有（Peck，1969）：

（1）勘探工作至少足以确定地下条件的一般性质、模式和属性，但不一定是详细的。

（2）评估最可能条件以及这些条件的最可能偏离。

（3）基于最可能条件下预期行为的工作假设进行设计。

（4）在施工过程中选择要观察的对象数量，并在工作假设的基础上计算出预期值。

（5）在与有关地下条件的现有数据相符的最不利条件下计算相同的对象数量。

（6）针对观察结果与根据工作假设预测的结果之间的每一项可预见的重大偏差，提前选择行动方案或修改设计。

（7）测量所观察的数量，并对实际情况进行评估。

（8）修改设计以适应实际条件。

Mark 等（1989）、Brown 等（1989）和 Brown（1990）对在 EPA 超级基金修复项目的调查或可行性研究过程中运用观察法的情况进行了描述。观察法适用于危险废物场地的主要特点是其明确承认了不确定性。从技术的角度来看，地下环境存在着很大的不确定性，这一特点将影响着污染源的准确表征和污染物的分布、转化、迁移、归趋，以及对暴露风险的评估。观察法从根本上认识到不确定性的存在，并使用结构化的方法来确定设计在实施过程中是否合适。该方法要求对潜在的不利条件和设计变更进行规划。在该方法的应用过程中，修复调查阶段的重点是收集信息，以确定场地的一般性条件，构建场地概念模型，并确定最可能的条件以及这些条件的合理偏差，以此作为灵活的修复设计方法的基础。在这一应用中观察法的使用包括以下方面：

（1）评估已有的数据信息并进行充分的调查，以确定环境和污染物的一般性质、模式和特征。场地环境表征的程度水平取决于场地条件和所预期的响应行动。

（2）评估最可能的条件以及这些条件的最大可信偏差。最可能的条件可以是基于对已有数据信息的解释而提出的工作假设，而不一定是基于统计性的评估结果。最可能条件的最大可信偏差并不代表最坏的情况或可以想象的最大污染物浓度，而是基于对已有数据解释的可信条件。如果无法对场地的最可能条件做出合理的工作假设，则需要进行额外的现场调查。

（3）评估备选方案，并根据场地最可能条件的假设制定和设计修复方案。

（4）在场地的最可能条件下，计算或估计在实施修复活动期间预计观察到的物理和化学条件。

（5）根据与场地最可能条件相关的最大可信偏差，计算或估计修复活动的相关参数。

（6）根据场地的最可能条件选择一个行动方案，并为可预计的最大可信偏差准备备选的设计方案。

（7）执行选定的行动方案，监测选定的参数，并根据最可能条件和最大可信偏差的工作假设评估所观察到的条件。

（8）根据需要，通过预先确定的行动方案修订修复活动，以适应实际情况。

观察法对于所收集的信息类型没有任何限制，也不对适合于地下调查的采样方案设计或调查方法提供具体指导。关键是要尽可能有效地收集构建 CSM 或工作假设所需的信息。信息收集不仅是为了支持 CSM 的构建，而且也是为基本假设的证实提供支撑。那些无法确认的假设也将为确定合理的偏差奠定基础。当残余的不确定性可以作为合理的偏差进行处理时，便可以停止关于现场调查和细化 CSM 的迭代过程。

2.2.2 改进的场地环境表征方法

美国已经发展出几种不同的场地环境表征的改进方法，这些方法的提出都起始于 20 世纪 90 年代中期。虽然名称略有不同，适用于的场地类型也不尽相同，但是都遵循着相同的基本原则。包括：

（1）ASTM E1912 中所述用于已经确认或疑似石油产品泄漏的加速场地表征（accelerated site characterization，ASC）方法，类似的还有在 EPA 用于地下储罐场地的快速场地评估工具（expedited site assessment tools for underground storage tank sites）中所提出的快速场地评估（expedited site assessment，ESA）方法。这两种方法主要适用于涉及石油产品类的储存和处理的小型场地，如加油站等。

（2）ASTM D6235《危险废物污染场地包气带和地下水污染快速场地调查导则》（*Standard Practice for Expedited Site Characterization of Vadose Zone and Groundwater Contamination at Hazardous Waste Contaminated Sites*）中所述的快速场地表征（expedited site characterization，ESC）方法。该方法主要适用于已知或怀疑被危险废物污染的大型场地。

（3）由美国州际环境技术与规则委员会（Intersatate Technology and Regulatory Council，ITRC）提出的三位一体方法（triad approach）。多份 EPA 的报告中均有涉及该方法。该方法适用于所有类型的污染场地。

（4）EPA 超级基金项目文件中所提出的动态现场活动（dynamic field activities，DFA）

方法。该方法主要适用于已知发生过危险废物污染的超级基金场地。

尽管上述方法所遵循的理念和基本原则均是相同的，但是在具体实施时，不同方法之间还是存在着一些细微的差别。下面将对这些差别进行简要的讨论。

与传统方法一样，所有改进的场地环境表征方法都涉及对场地已有信息进行收集整理，同时强调对可能的场地条件进行全面了解的重要性，以便准确预测污染源区域、污染物的分布、污染物迁移的优势路径以及暴露途径。然而，从这一点来看，改进后的方法与传统的方法存在着很大的不同。

1. 加速场地表征（ASC）方法

ASC 方法是仅在现场开展一次的调查活动中对已经确认或疑似有石油产品发生泄露的场地进行快速和准确表征的过程。这个过程需要在实施前期对已有信息进行回顾，并构建CSM，以此为基础制定详细的调查方案，并强调在现场实施过程中的灵活性。该方法利用快速取样工具和技术、现场测试分析方法以及对现场数据的即时解释，在调查工作中不断完善 CSM。使用该方法需要一位具有丰富经验的现场管理人员来评估和解释所产生的数据，并做出决定以指导现场的下一步调查工作。这种在调查的同时对现场数据进行评估的工作方式，可以使现场人员能够动态选择后续采样点，并根据现场的实际情况及时调整整体调查方案、测试分析计划以及调查范围，从而获得更全面、更具成本效益的地下条件现状。在开展现场工作之前，现场管理人员、场地所有者或经营者、监管机构以及其他利益相关方之间必须建立良好的沟通机制，以便于现场工作的高效开展。ASC 方法特别适用于收集和评估关于场地土壤、地质、水文地质的信息，关注污染物的性质和分布，污染源位置区域以及潜在的暴露途径和暴露点。

ASC 方法在执行过程中最重要的特点是在现场的迭代过程，即现场富有经验的管理人员的专业性逻辑判断和科学的场地调查方法二者的迭代。图 2-1 是 ASC 过程的流程图。虽然采用 ASC 方法的调查项目中的许多步骤与传统场地环境调查项目中所使用的步骤相似，但是基于现场的迭代工作要求使用更加灵活的或动态的工作计划，具体包括以下方面：

（1）即时分析、评价和解释现场生成的地质、水文地质和化学数据。

（2）持续细化 CSM，并利用现场生成的数据实现对场地条件的深入了解。

（3）及时修订采样方案和测试分析方案，以解决因现场条件变化而必须进行的工作内容调整问题。

（4）收集必要的额外数据信息，以支撑场地环境调查目标的实现。

应用 ASC 方法的一个重要因素是能够为场地环境调查选择合适的工具，并可以根据实时揭露的场地条件来灵活、动态地改变调查工具。重点是可以选择使用快速采样工具（图 2-2）和先进的现场测试分析方法（图 2-3），以提供高质量的数据来支撑现场下一步的工作决策。ASC 方法区别于传统表征方法的关键是该方法并非专注于为相对较少的样品提供具有实验室级别分析质量的数据，而是力图为更多的样品提供具有一定质量的测试分析数据以供决策使用。样品数量的增加大大降低了调查结果的不确定性，为所做决策的可靠性提供具有说服力的支撑。同时也可以实现对土壤和地下水的环境条件进行全面的三维量化，而所花费的成本远低于传统表征方法。

ASC 方法的优点包括：快速确定人类或环境受体的潜在风险；快速的样品采集和分析，实时或接近实时的分析结果以及最大的数据可比性；及时优化采样点位置和测试分析方法；相同的成本下获得更多的数据信息；快速提供调查数据，以加快修订决策；可以收集垂直和水平范围的数据，对土壤、土壤气和地下水中的关注污染物范围进行三维界定。

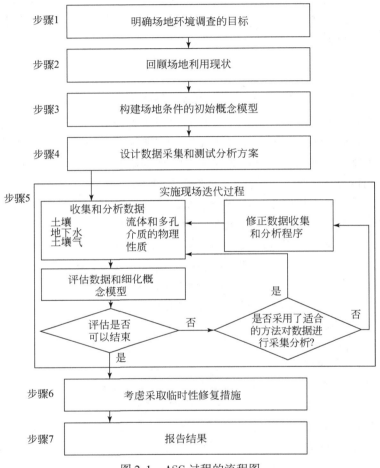

图 2-1 ASC 过程的流程图

2. 快速场地表征（ESC）方法

ESC 方法最初是由美国能源部位于伊利诺伊州的阿贡国家实验室提出的。该方法于 1992 年首次由美国土地管理局在美国新墨西哥州的几个生活垃圾填埋场成功应用。随后，该方法被美国农业部、能源部以及国防部所采用，成功应用于煤气厂、炼油厂等场地的环境调查。

ESC 方法可以用来确定包气带和地下水中污染物的来源及迁移途径，并确定污染物的空间分布、浓度和归趋。其目的是提供必要的场地环境信息，以支撑后续行动方案包括长期监测、风险评估、修复等决策的制定，解决场地内污染物对人类和环境造成的风险。一

图 2-2 现场使用直推式钻机进行采样

ASC 方法的重点是使用快速采样工具，以产生最少的 IDW

图 2-3 现场使用的精密测试分析设备

般而言，该方法适用于较大规模的项目，如 EPA 超级基金场地、资源保护及恢复法案（resource conservation and recovery act，RCRA）设施调查以及炼油厂等大型石化工业场地。对于加油站等小型场地、污染程度有限且不威胁地下水的场地或者修复成本可能低于场地环境调查成本的场地，该方法可能并不适用。实际经验表明，对于适用的场地，ESC 方法将比传统的场地环境调查更具成本优势，并且能在更短的时间内为后续工作决策的制定提供更多有价值的信息。

ESC 方法的主要特点是仅收集满足场地环境调查目标所需的信息，并确保在目标实现后立即结束调查工作。ESC 方法的核心是使用基于判断的抽样和测试，在有限的现场活动（通常是两次）内确定场地的污染特征。采用 ESC 方法的项目通常由一位具有丰富经验的技术人员负责实施动态工作计划，允许灵活地选择样品的类型、位置和测试分析方法来优化数据收集活动，并且可以在现场实时调整工作方案以应对现场条件的变化。通过在现场开展的数据分析、验证和解释并将结果不断纳入 CSM 是 ESC 方法的重要特征。ESC 方法采用了一个迭代过程来构建和检验多个工作假设，旨在通过使用不断修正的 CSM 来降低调查结果的不确定性。

经过实践检验的 ESC 方法具有较好的灵活性特点，可以适应环境数据的不同收集方法。但该方法与任何特定的监管、现场调查方法或技术、测试分析方法或者数据评估方法无关。在使用 ESC 方法的调查项目中，调查技术的使用具有高度的现场针对性，并且是根据技术团队的专业判断进行选择的。只要是在现场条件可行的情况下，就会使用非侵入性或弱侵入性的调查方法。相应的测试分析方法的选择同样是因地制宜的，可以根据对数据质量的要求、所需周期和成本，灵活选择现场或实验室测试分析方法。

3. 三位一体方法

三位一体方法是 EPA 提倡使用的方法。该方法是一个概念性和策略性体系，明确承认场地环境调查、风险评估和修复设计的科学和技术复杂性。三位一体方法尤其认识到环境介质在各种尺度上所固有的异质性，将增加采样方案设计、测试分析方法和环境数据的空间解释的复杂性。三位一体方法整合了项目系统规划（systematic planning）、动态工作策略（dynamic work plans）和实时测量技术（real-time measurement），即三位一体方法中的三个要素，以降低决策的不确定性，实现更高效和更具成本效益的场地环境调查。在三位一体方法中所述的大多数理念并不是新兴的，其创新之处是试图将这些理念全面纳入 EPA 所支持的新一代场地环境调查和修复实践的模式。triad 方法的主要要素及其组成部分见表 2-1。

表 2-1　三位一体方法的主要要素及其组成部分

要素	组成部分
	项目起始阶段
系统规划	组建项目团队
	确定项目目标
	确定关键决策制定者
	定义所需做出的决策
	构建初始 CSM
	项目开始阶段
动态工作策略	持续检查 CSM
	起草适应性工作方案和采样方案或决策逻辑
	制定详细的测试分析方案（现场和实验室）
	制定数据管理方案
	制定质量保证方案
	制定健康与安全保障计划

续表

要素	组成部分
方案实施阶段	
适应性工作方案实施	客户/监管机构/利益相关方审查和批准
	细化决策逻辑并形成最终方案
现场工作阶段	
实时测试技术	采样并测试分析以填补数据空白
	数据验证、核实和评估
项目目标是否满足?	
决策制定	修改或完善 CSM
	修改适应性工作方案
	客户/监管机构/利益相关方审查和批准

　　三位一体方法特别注重识别、理解和管理可能导致决策失误的不确定性来源。当数据作为决策过程的输入时,需要将这些数据中的不确定性管理到与所需决策置信度相当的程度。由于大多数数据不确定性来源于样品的变异性和缺乏代表性,因此三位一体方法最大限度地利用了新的采样技术和测试分析技术,以降低成本和提高效率来增加采样密度,从而可以在项目决策的尺度上表征污染物分布和空间异质性。

　　三位一体方法利用了三个基本领域的科学和改进流程的优势,即项目系统规划、动态工作策略和实时测量技术(图 2-4)。项目系统规划是三位一体方法中最重要的要素。该要素包括所有产生明确项目目标和决策的任务,这些任务描述了可能导致决策失误的未知因素(即不确定性),并促进了所有项目活动的明确沟通、记录和协调。预先制定明确的项目目标可以让项目团队(由经验丰富的、具有多学科背景的技术人员组成)制定有效的数据收集方案,以此来实现这些目标。项目团队必须确定满足项目目标所需的数据类型、数量和质量,

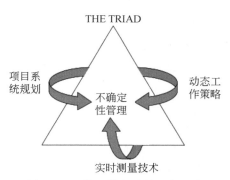

图 2-4　三位一体方法的三个要素

这将有助于提高调查活动的质量,因为这样做可以更有效地收集数据,并且可以更容易地解决阻碍项目目标实现的不确定性因素。项目系统规划过程的一个关键要素是提出初始的 CSM。作为一种规划工具,CSM 用于组织关于场地的已知信息,并确定为实现项目目标而必须掌握的信息。因此,CSM 也是制定动态工作计划的基础。

　　"动态"一词描述了围绕源自共识的决策逻辑而设计的工作策略。三位一体方法的动态要素以实时决策为基础,可以在获得新信息时迅速指导和完善现场工作。实时决策需要有经验丰富的工作人员在现场,可大大提高调查的效率,并通过减少不必要的多次组织调查活动或效率低下的沟通来大大降低项目的时间成本。整体项目质量和决策信心也得到了

提高，因为在相同的预算下可以收集更多的数据，这些数据可以在快速反馈中被用来填补 CSM 中的重要数据缺口。使用 CSM 作为工具来避免抽样错误和解释来自各种数据收集活动的数据集的结果是至关重要的。

实时测量技术是三位一体方法的第三个要素，它使实时决策成为可能。这些技术包括地表地球物理学和其他成像技术、快速采样和现场测量平台、基于现场的测试分析方法，以及移动和固定实验室的快速周转。三位一体方法的另一个重要方面是数据管理程序，它需要处理、显示和共享数据的软件包，从而使项目团队在现场即可对 CSM 进行细化和修正。同时，实时测量技术和动态工作策略协同使用，将使数据收集具有针对性和时效性（ITRC，2003）。

三位一体方法是环境产业自然发展的必然结果，是对不断发展的经济和持续改进的场地环境调查技术的充分响应。该方法所体现的理念适用于任何类型的场地，无论场地规模、所处环境、地质条件的复杂程度；同时也适用于任何类型的污染物，无论是轻质非水相液体（LNAPL）、重质非水相液体（DNAPL）、溶解相、蒸气相还是残留相。

4. 动态现场活动（DFA）方法

DFA 方法是指在危险废物场地调查、评估、监测和修复活动中，将现场数据生成与现场决策相结合的工作方法。该方法之所以称为"动态"，是因为现场活动的设计是为了在获得新信息时纳入变化，从而适应场地环境调查的迭代性质，并尽量减少为决策场地后续处理所需要进行的调查次数。由于其灵活的数据收集方法，DFA 方法适用于 EPA 超级基金项目过程的所有阶段（U.S. EPA，2001，2003）。

DFA 方法提供了一个迭代的、灵活的体系，用于危险废物场地的整个清理过程中的数据收集和决策制定。图 2-5 给出了 DFA 方法所包含的 4 个主要步骤，包括采用系统规划、制定动态工作方案、执行"样品采集—样品分析—评估数据"迭代过程以及编制最终报告。

DFA 方法的主要特点是采用了具有足够灵活性的动态工作方案，允许在现场对采样和分析活动进行调整和变更，以便在最少次数的场地环境调查活动中实现项目目标。在动态工作方案中需要提供如何对现场的采样和分析工作进行调整和变更的方案。然而更为重要的是，需要有经验丰富且有足够权限的技术人员在现场开展工作并进行重要决策，以保证调查工作的顺利开展。此外，成功使用 DFA 方法的另外一个重要因素是使用基于现场的测试分析方法来为现场决策的制定提供数据信息支撑。通过有效利用上述因素，DFA 方法可以大大减少现场调查工作的时间和成本，同时提高所收集的数据质量和现场决策的质量。

在 DFA 体系中，通常会采用系统规划的方法，以确保项目规划的详细程度与数据的预期用途和可用资源相匹配。系统规划要求所有的场地相关方（调查人员、场地所有者或经营者、监管方等）共同合作，以建立明确的项目目标，并在项目执行过程中保持良好的沟通，以确保项目目标具有合理性和可实现性。系统规划是一个迭代的过程，并贯穿于整个项目过程。为了促进系统规划的实施，EPA 建议使用数据质量目标（U.S. EPA，2000）。系统规划通常包括：回顾场地已有的信息；选择关键项目人员；确定项目目标；构建初始 CSM，并在调查产生额外数据时对其进行修改；制定采样方案；选择合适的测试分析方

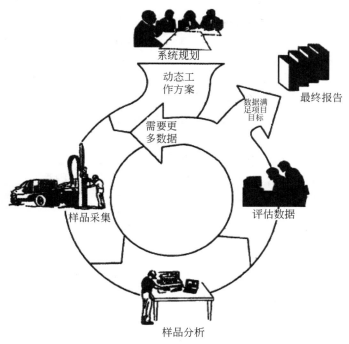

系统规划

动态工
作方案

数据满
足项目
目标

最终报告

需要更
多数据

样品采集

评估数据

样品分析

图 2-5　DFA 方法中的 4 个主要步骤

法、设备和承包商。

　　构建初始 CSM 是一项重要的活动，因为它以易于理解的格式将所有的场地信息汇集在一起，如一系列的地图、剖面和图表。这些图表描述了土壤和地质条件、地表水和地下水条件、污染物浓度、潜在的迁移路径、人类和环境受体的位置以及对场地条件非常重要的其他信息。初始 CSM 是一个有价值的工具，用于选择适当的采样、分析和现场测量工具，以及构建采样和分析方案。随着更多数据的收集，CSM 和项目目标都会根据需要进行修订，以便后续的现场决策可以在此基础上进行。例如，如果初始 CSM 的构建是基于污染物随机释放的假设，那么调查人员可以选择随机网格法开始进行现场采样。如果调查人员通过初步采样发现污染并不是随机分布的，而是具有一定的规律，那么将改变取样方法，并对项目目标进行相应的调整，以确保所收集的数据类型、数量和质量符合实际的场地环境条件。同时，系统规划必须建立工作流程，以便将收集的数据信息快速集成至 CMS 中，并将其传输给场外的相关方。

　　动态工作方案在系统规划的初始阶段完成后进行编制。它将为项目团队提供有助于现场决策所需的沟通渠道和商定标准。动态工作方案只是一系列工作活动的概要，适应场地相关各方的参与，以促进项目的顺利实施。为了实现这一目的，动态工作方案采用了自适应抽样和分析策略，其中包括初始采样和分析方案，并随着额外数据的收集和分析在现场对其进行修改。动态工作方案利用了可以实时生成数据的创新技术，从而为现场制定决策提供必要的支撑。特别是，动态工作方案纳入了快速取样方法和基于现场的分析方法，从而在相同的预算下可以获得更多的数据点以降低不确定性。动态工作方案还应包含应急措施，以便在不延误现场工作的前提下处理意外情况。此外，动态工作方案需要附有其他涉及现场工作具体内容的文件，包括现场采样方案（field sampling plan，FSP）、项目质量保证方案（quality assurance project plan，QAPP）、现场健康和安全保障方案和数据管理方案（data management plan，DMP）。

最后，DFA采用"样品采集—样品分析—评估数据"的迭代过程，使项目组能够在现场不断修改CSM直到达到满意的项目目标，从而最大程度地减少调查工作的次数。由于数据在采样后的数分钟或数小时即可以使用，因此可以实时（或近似实时）地做出决策。通常情况下，要委派一名经验丰富且具有多学科背景的项目负责人进驻现场以监督现场工作，并确保配置相关专业的人员处理和评估现场采集到的数据信息。在现场调查活动结束后，项目负责人编写报告，以记录结果并为后续活动提供指导。

第3章 | 直接传感类技术

传感技术是从自然信源获取信息，并对之进行处理（变换）和识别的技术。它可以感知周围环境或者特殊物质，如气体、光线、温湿度等，把模拟信号转化成数字信号，给中央处理器处理，最终结果形成数据等显示出来。近年来，直接推进技术发展了加装、整合多种传感器技术，并逐步应用于场地环境调查中。目前已经开发出多种直接传感类技术，形成了更具针对性和经济性的场地环境调查技术。本章将对这些技术进行详细介绍。

3.1 直接传感类技术的选择及应用

3.1.1 技术可用性

直接传感类类技术目前在世界许多国家和地区，特别是北美地区得到普遍使用，技术上较为成熟。传感器及其配套系统需要搭载如直推式钻机的"驱动平台"使用，因此，在选择相关设备通常应考虑具有便携性、可学习性。技术人员在接受专业培训后便可以使用该技术。

3.1.2 监管因素

直接传感类技术及设备应获得监管机构的批准，满足相应的管理要求，质量符合相应规范。当部分监管机构不熟悉这些技术时，相关从业人员应向监管机构提供有关该技术在该领域的使用情况、案例研究和说明。

3.1.3 公众可接受度

公众也许不了解直接传感类技术，但通过相关从业人员和监管机构的推广及大范围使用可以提高公众对直接传感类技术的接受度。通过提供详细的三维数据，直接传感类技术可以显著降低CSM中的不确定性。信息的详细程度和呈现方式可以增加公众对CSM和场地造成的潜在受体影响的理解。

3.1.4 可访问性

由于卵石、砾石和基岩会阻碍传感器进入地下，所以直接传感类技术仅限于在含松散沉积物或轻度固结或胶结岩石的地层使用。如需要调查基岩及其他固结地层，建议根据现场场地情况使用其他方式钻孔，如声波、空气旋转套管锤等方法。

大多数直接传感类技术使用直推式平台来驱动传感器，因此需要为该设备提供合适的场地空间。当需要在限高较低的区域如建筑物内部以及松软或不稳定的地面工作时，可以使用体积较小的履带式直推式钻机作为驱动平台。大多数直接传感工具可以利用平台进行远程操作，因此具有显著的多功能性。

3.1.5 数据采集设计

为了确保直接传感类技术在调查期间收集的数据有效且具有成本效益，确定调查目的尤其重要，如确定土壤钻孔/监测井的位置，协助设计修复工程。在使用直接传感类技术开展现场调查之前，需要掌握释放点或源区信息、场地的历史用途、地下公用设施或结构的位置、土壤和地下水历史监测数据、地下水和基岩的深度等信息，以便构建 CSM 并有助于确定钻孔位置及钻孔的总深度。

直接传感类技术可以与静态或动态采样法结合使用。如果使用静态或动态采样法的初始步骤，为了使生成的数据有利于了解地下的情况，可以利用网格采样法设置钻孔位置。网格采样法通常适用于污染物分布情况或水文条件信息较少的场地。当项目预算有限时，跨关键区域采样则有助于了解地下及地质情况。动态采样法可以通过实时调整采样方案（如修改或添加采样位置与采样深度等）的方式以减少工作中的不确定性。

与传统的钻孔工具类似，使用直接传感工具时存在着交叉污染的风险。当两个或多个含水层相连而隔水层渗透性较低时，容易发生交叉污染。此时，如果已知其中一个含水层包含 NAPL 或更高的污染物浓度，则应在低渗透性地层的顶部停止贯入传感器探头，防止污染物迁移到更深、污染物较少或者无污染区域。直接传感工具测试完毕后，如果不打算在该钻孔内安装监测设备，则需要对钻孔进行灌浆以防止污染物垂直迁移。

3.1.6 技术成本

与传统场地环境调查技术相同，影响调查工作成本的主要因素是钻孔的数量和深度。而大多数直接传感工具都可以提供实时数据，因此，在直接利用传感技术收集数据时，允许在现场调整调查范围，从而减少了人员调动（进出场）的次数。特别在偏远地区或者缺少设备以及相关人员的地区，应避免多次调动人员从而节省成本。影响成本的常见因素见表 3-1。

表 3-1 成本影响因素一览表

影响因素	具体描述
调动	一次性将工具运送到现场的总成本，具体取决于场地位置以及与工具供应商和承包商的距离
工具租赁	操作工具的日费率，包括钻孔成本（日租金）

影响因素	具体描述
记录/数据生成	按天或单位钻进深度收取的数据管理或数据生成费用，包括记录钻井进尺的时间
质量保证/质量控制	用于质量保证/质量控制的重复钻孔以及确认取样（取芯）和测试分析
灌浆	根据需要，每单位深度所使用的材料成本
监督	顾问现场指导承包商费用
周末津贴/每日津贴	用于长时间调查或在偏远地区进行调查的费用
材料或设备的损耗	工具或设备在钻孔中的损耗费用
数据处理和分析	根据项目需要，数据后期处理和分析也可能产生额外费用

3.1.7　配套工具

配套工具可以用来加强和验证直接传感类技术的结果，即其可用于确定污染物类型、位置、深度并进行现场分析，获取参数的抽样结果，识别特定化合物并测定实际浓度。这些数据与其他工具结合能够指导额外的采样工作以及监测井的设计工作，但是辅助工具在使用过程中也有其局限性。因此，在项目开展过程中，应根据总体目标确定技术线路，做好配套工具的筛选工作。

1. 取样工具

先进的取样工具可以通过采集正在开展调查介质的物理样本，用于现场或实验室分析。这些工具能够在不同深度（从几米到几十米）的地层中采集地下水、土壤或土壤气样本，并且能在钻孔中间隔多个深度使用，提供地层中污染物浓度或物理性质的高分辨率垂直剖面图。

先进的取样工具包括直推式地下水临时采样井和井簇。直推式地下水临时采样井有Geoprobe Systems© Screen Point（SP）采样器（SP16、SP22 或 SP60）和 Sonic Screen Points采样器。井簇地下水监测系统包括 solinst 连续多通道管道（CMT）系统、Solinst Waterloo多级地下水监测系统、Westbay©系统和柔性线管地下技术（FLUTe™）系统。与传统地下水监测井相比，小直径填充井簇能够提高样品完整性，也可以使用其中一些系统进行压力测试或监测。

环境土壤采样法包括最初设计用于岩土采样的方法，如空心杆螺旋钻以及使用冲击式劈管采样器采样，这些方法会导致数据差距较大，并且会造成土壤损耗。先进的场地表征采样方法能够代替传统采样方法，如直推连续双管系统（Geoprobe DT22 和 DT325）、空心螺旋钻井系统，并且对于坚硬的岩层，声波双管能保证取芯的连续性。

2. 分析工具

先进的分析工具用于从这些样品中获取信息或直接评估地层中的水力学特征或水力联系，而不是为后续分析提供物理样品。先进的分析工具能够记录地层岩心和测量开放钻孔中的裂隙流动。离散裂缝网络（discrete fracture network，DFN）方法是完整系统方法的一个示例，由圭尔夫大学的 Parker 博士及其研究团队开发，以改进裂隙岩石中的污染特征。

3. 现场分析

在直接传感类技术需要实际土壤、土壤气或地下水确认的情况下，可以进行直接采样，并且可以在常规实验室或使用移动实验室、各种现场仪器或测试套件对样品进行分析。如果由于场地地质、污染物类型或其他限制而无法使用直接传感类技术，那么收集高分辨率土壤、土壤气或地下水样本，依旧可以使用以下方法进行实时评估。支持现场分析工具和方法的部分示例见表 3-2。

表 3-2　现场分析工具和方法

序号	设备名称
1	移动实验室（许多分析方法可用）
2	便携式气相色谱仪（GC）
3	便携式气相色谱/质谱（GC/MS）
4	手持式有机蒸气检测器，如光电离检测器（PID）和火焰离子化检测器（FID）
5	空气和垃圾填埋气流量计（如 O_2、CO_2、CH_4）
6	辐射计
7	蒸气感应比色管
8	手持式金属探测器，如 X 射线荧光光谱仪（XRF）
9	水质仪表（如 pH、Eh、电导率、浊度、温度）
10	水滴定或比色测试套件
11	土壤和水测试套件
12	免疫测定和酶测定

3.2　膜界面探测技术

3.2.1　工具描述

膜界面探测器（membrane interface probe，MIP）是一种用于现场对土壤和沉积物中挥发性有机物（volatile organic compounds，VOCs）和半挥发性有机物（semi-volatile organic compounds，SVOCs）进行半定量分析的筛选工具。该工具有助于定量测试分析，但是给出的结果都是相对量，而非绝对量。严格来说，MIP 探针本身并没有感知能力，它只是将地下污染物中的挥发性成分转移到地表的气相探测器上。因此，可以将 MIP 系统理解为连接土壤污染物与地面监测设备之间的一种桥梁。目前大多数设备供应商所提供的 MIP 除了具备挥发性气体采集功能之外，还集成了土壤电导率的传感器，故可以在采集挥发性气体的同时对土壤的电导率进行测试。因此，MIP 通常用作精细化调查的前置技术方法。首先使用 MIP 技术对场地进行表征，绘制出地下污染状况的定性图，从而区分或圈定出低、中或高污染区域，然后在此基础上研究制定采样方案和实验室测试分析计划，从而定量评估地下的污染程度。

使用 MIP 技术对场地进行表征时，其基本的组成部分包括：（a）直推操作平台（direct push platform，DPP），如圆锥贯入试验（cone penetration test，CPT）或者 geoprobe© 钻机；（b）MIP 系统。图 3-1 给出了典型 MIP 系统的主要组成部分。

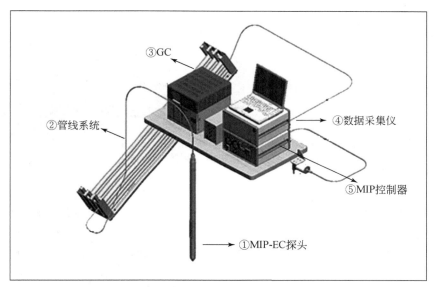

图 3-1　典型 MIP 系统主要组成部分

1）MIP-EC 探头

MIP 设备通常包括一个专用探头 MIP-EC（electrical conductivity，EC）（图 3-2）。探头的一侧设置有一个小的半透膜，其材质通常为聚四氟乙烯，气体可以通过但不允许液体通过。半透膜固定在一个钢块上，钢块上设置有电阻加热线圈和热电偶丝，从而可以控制和监测半透膜的温度。气相污染物的跨膜转移是通过在整个膜上的浓度梯度所激发的扩散过程而发生的。加热器模块通过升高周围基质的温度来加快传输速度。加热线圈将半透膜附近的土体加热至 100~120℃，使其周围基质（土体和地下水）中的污染物气化，从而形成更高的蒸汽压和浓度梯度以加速扩散过程。从这个意义上来说，MIP 加热模块的有效工作温度决定着被采集污染物的类型。只有沸点温度等于或低于加热模块有效工作温度的污染物才可以被 MIP 所采集。

2）管线系统

通过半透膜进入探头内的目标污染物，在外部连续供入的载流气（通常为惰性气体）的吹扫下被挟带着向上运动，输送至位于地面的检测装置。载流气以恒速的方式连续供入，其工作流量通常为 35~45mL/min。从半透膜输送到地面检测装置的时间为 30~60s，具体取决于载气管线的长度和供气流速。载流气通常使用氮气，在某些情况下也可使用氦

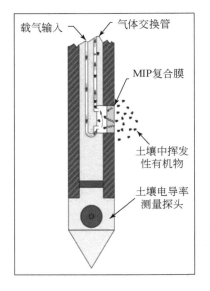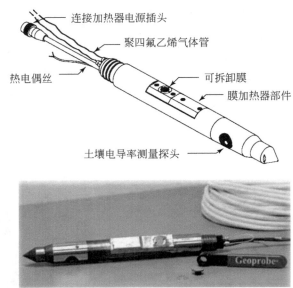

图 3-2   MIP-EC 探头的内外部结构及外观（源于 Geoprobe©公司）

气或空气。

通常情况下，MIP 载气管线在环境温度下运行。同时，也可以选择为载气管线增加辅助加热管线（图 3-3）。辅助加热管线可以将载气管线的温度升高至 100℃，使其在高温下运行以增强传输效率。升高管线温度可以使污染物加速通过载气管线，从而降低污染物在载气管线中残留的影响，以获取更为精确的污染物分布。

图 3-3   加热管线系统组件

如果选择在常温下使用载气管线，则将使用两种不同材质的载气管线：进气管使用聚四氟乙烯管将清洁的载气从 MIP 的气源输送至探针的半透膜处；回流管则使用聚醚醚酮（PEEK）管将载气从膜返回至地面的气相色谱仪。如果选择使用辅助加热管线，则进气管和回流管均使用不锈钢管。

3）MIP 控制器

MIP 控制器用于控制输送到半透膜腔室的气体流量以及输送到加热模块和 EC 偶极电极的电压。MIP 控制器包括以下主要功能。

（1）主压力调节器：用于控制载气到 MIP 控制器的流量，调节回路的压力。

（2）质量或电子流量控制器：用于调节通过 MIP 系统的载流气量。载流气的流速范围为 20～60mL/min，通常设置为 40mL/min。

（3）温度控制器调节：为加热模块提供电压，以保持地下温度升高。Geoprobe© 公司提供的 MIP 可以达到的加热温度为 121℃。

4）控制系统

图 3-4 所示为 MIP 操作时的常用仪器。包括气相色谱仪、卤素特殊检测器（XSD）笔记本电脑、数据采集仪、液压仿形工具（hydraulic profiling tool，HPT）控制器、MIP 控制器。其中气相色谱仪中检测器单元通常包含光电离检测器（photo-ionization detector，PID）、火焰离子化检测器（flame ionization detector，FID）和卤素特殊检测器（XSD），也可以根据实际需要配置其它的检测器单元。XSD 控制箱主要用于控制探针加热模块的电路以及温度传感器所反馈的信号。笔记本电脑中安装相关的数据可视化软件，用于现场实施观察 MIP 所反馈的各种信号。数据采集仪主要用于将 MIP 探针上的各类传感器采集的信号转换为电脑可识别的数据。HPT 控制器主要用于在 MIP 与 HPT 串联成 MiHPT 探测器时控制注水的泵压和流量参数。MIP 控制器主要用于对 MIP 探针上加热模块的温度和管线中的载流气量进行控制。

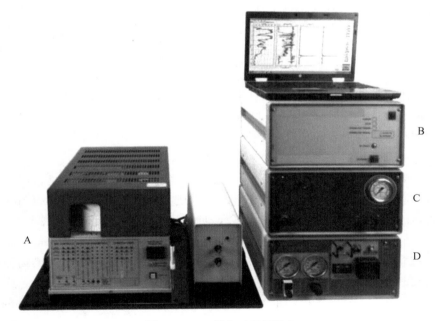

图 3-4　MIP 操作时所用设备

A 为 GC；B 为数据采集仪；C 为 HPT 控制器；D 为 MIP 控制器

MIP 不提供通过色谱法分离分析物的特异性，但可提供总 VOC 的检测，具体检测污染物的能力取决于所使用的检测器类型。通常与 MIP 联用的分析设备包括气相色谱仪（GC）级检测器，如光电离检测器（PID），火焰离子化检测器（FID）、卤素特殊检测器（XSD）、电子捕获检测器（electron capture detector，ECD）和干电解电导检测器（dry electrolytic conductivity detector，DECD），可以确定土层中是否存在 VOC 蒸汽、溶解相轻质非水相液体（LNAPL）或重质非水相液体（DNAPL）。在实际应用时，根据现场的具体情况，这些检测器可以单独使用，也可以串联使用。但在串联使用时，需要注意应将对测试物质破坏性最小的检测器放在前段，破坏性最大的检测器放在后段。

MIP 系统可以理解为土壤污染物与地面监测设备之间的一种连接桥梁。它是用于定位寻找污染物但不能测定污染物浓度的设备。MIP 的技术优势体现在以下几个方面：

（1）对地下污染物分布进行快速、高分辨率的描述，识别离散目标（如热点），可更有效地采样、布置和修复监控井网，从而优化现场评估和修复工作。

（2）在某些限制下，推断存在 LNAPL 和 DNAPL。

（3）与其他直接推式传感器（EC、HPT、CPT）结合使用时，可获取有关当地地质条件的信息。

（4）支持通过日志进行协作数据可视化以及分析和决策，这些日志可以通过实时数据管理系统进行传输，并带有二维（2D）和三维（3D）映射工具。

（5）与多个检测器一起使用时，可以区分不同类别的 VOC（如卤代化合物与非卤代化合物）。

（6）与传统的采样方法相比，对工人暴露在受影响的介质上的潜在影响要小得多。

MIP 可以显著减少 CSM 中的数据缺口，因为它可以沿钻孔深度（通常以 1ft[①] 为间隔）提供一组详细的数据，而不同于常规土壤采样方法的较大取样间隔。MIP 数据可用于创建一维轮廓、2D 样线和 3D 内插可视化效果和交互式地图。每种演示方法都可以帮助完善 CSM 并制定修复方法，从而使人们对钻孔点位有更加清晰的理解。

MIP 的操作非常简单。地层中的 VOCs 穿过半透膜，进入载气管线，从主管线向上被吹扫至地表的气相探测器（Christy，1998）。通过探头上的加热模块加热与膜相邻的土壤孔隙空间中的土壤、地下水和蒸汽来增强地下污染物的挥发。MIP 日志查看软件允许实时记录探测器响应与深度的关系。

MIP 在名义上以 1ft 的增量推进，然后停止一段时间，用来加热土壤、水和蒸汽，确保探头周围介质中的 VOCs 挥发，以此类推逐步推进。VOCs 数据可以每 0.05ft 收集一次，但最具代表性的 VOCs 测量值是在 MIP 完成驱动步长（1ft）并停止一段时间后所采集的数据。随着探头的推进，探头上串联的 EC 和 HPT 传感器每 0.05ft（约 15mm）提供一次岩性数据。现场岩性特征决定了探针可以推进的速度和无法贯入的深度。污染物的类型及其相关的沸点和蒸汽压决定了在每个深度上加热周期的长度，通常为 45～60s。这些参数应在现场进行测试并在正式实施前确定关注污染物穿过 MIP 膜所需的时间（Geoprobe 2015b；

---

① 1ft=3.048×10^{-1}m。

ASTM，2017）。

总 VOCs 使用 PID、FID 和 XSD 进行检测。EC 探头还可以测量与探头相邻的土壤的电导率。随着 MIP 推进深度的增加，VOCs 检测器响应的图形日志被记录。PID 检测器响应的是电离电位低于 10.6eV 的 VOCs 分子，包括芳烃和碳双键分子，如四氯乙烯（PCE）、三氯乙烯（TCE）和苯、甲苯、乙苯和二甲苯（合称 BTEX）。FID 检测器通常响应的是具有碳–氢键的 VOCs 分子，其中包括在 H_2 空气火焰中燃烧的大多数 VOCs。XSD 仅响应卤化（包括氟、氯、溴）的 VOCs。

图 3-5 显示了冲积含水层环境中汽油污染的 MIP 日志。图 3-5（a）是土体 EC 的测井曲线。从曲线中可以看出，30ft 以上较高的 EC 读数表明是以黏土为主的土层；30ft 以下较低的 EC 表明存在一些淤泥黏土透镜的砂质土壤。图 3-5（b）和图 3-5（c）分别是 PID 和 FID 响应曲线。基线读数显示，从地表至地下约 23ft 的土层中没有基线值以上的响应。在 23~35ft 升高的 PID 和 FID 响应表明存在显著的碳氢化合物。XSD 上的基线读数表明该孔内不存在可检测的氯化溶剂。

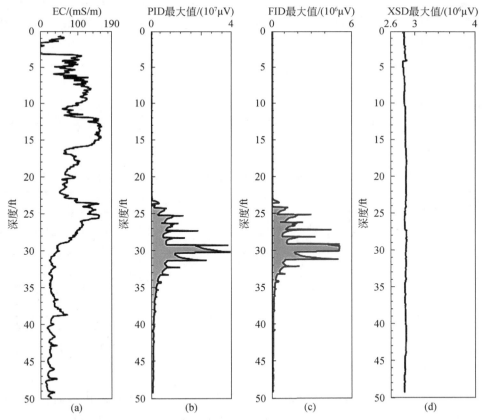

图 3-5　冲积含水层环境中汽油污染的 MIP 日志

来源于 Geoprobe Systems©；（a）、（b）、（c）、（d）分别为 EC、PID、FID、XSD 响应曲线

3.2.2 技术限制

MIP 并不能取代传统的土壤采样和监测井，而是一种减少并优化钻孔与监测井数量及分布以实现现场环境表征和长期监测目标的手段。MIP 系统可批量提供地层中总 VOC 水平（包括吸附态、蒸汽态和溶解态的组合）的定性至半定量结果。色谱柱在将分析物引入气相检测器之前并不分离样品气流中的分析物，因此无法识别特定的分析物。使用对不同污染物组（如芳烃、氯化 VOCs）敏感的多个检测器可以有助于识别所存在的污染物类型。在一些改进的系统中，可以使用额外的测定方法（如 GC/MS）对 MIP 气流进行采样以进一步分析（Costanza and Davis，2000；Considine and Robbat，2008）。

近年来，人们对确定地下 NAPL 的存在和程度产生了极大兴趣。尽管 MIP 可用于推断土层中与 NAPL（残余或饱和）相同组分物质的存在；但是紫外线光学筛选工具（UVOST©）或 OIP-Ultraviolet（OIP-UV）测井方法可以更为准确和有效地完成这项工作。当在 MIP 操作期间遇到 NAPL 时，膜、载气管和检测器可能会过载。当 MIP 经过 NAPL 区域时，这种过载会产生人为的高背景读数，一旦线路和探测器过饱和，清除线路和系统可能需要一些时间，并且可能需要将工具从孔内拉出。

1. 检测限

MIP 的检测限取决于许多因素，包括但不限于分析物特性（沸点、挥发性、溶解度）、土壤类型、膜面处的温度以及所使用的检测器。表 3-3 提供了常见探测器中几种污染物类型在地层中的检测下限估计值。

表 3-3 使用 MIP 系统和典型探测器对地层中污染物浓度的检出限

探测器	污染物浓度检出限/(mg/L)								
	BTEX	汽油	柴油	三氯乙烯 四氯乙烯	二氯乙烯	氯乙烯	二氯乙烷	三氯乙烷	甲烷
PID	0.5~5	3~10+	10~25+	0.5~3	N/A	5~10	>5	N/A	N/A
FID	1~10	1~5	3~10	>500	>500	25~50+	>50	10~25	100 (ppm[①]-v)
XSD	N/A	N/A	N/A	0.2~0.5	0.2~0.5	0.2~0.5	0.2~0.5	0.2~0.5	N/A
ECD	N/A	N/A	N/A	0.2~0.5	0.1~0.5	25~50	>100	1~25	N/A

注：N/A 表示无检出限；ppm-v 表示体积比；+表示大于

MIP 和相关探测器通常适用于调查常见的挥发性有机物，包括氯化溶剂、轻油和燃料混合物，以及那些与水不完全混溶且沸点低至中等的挥发性有机物（表 3-3）。多个检测器可用于分析吹扫出的气体，包括 PID、FID、XSD 和 ECD。如果配置有多个检测器，则

---

① 1ppm = 10^{-6}。

应根据关注污染物的性质选择检测器或检测器组合（表3-4）。值得注意的是，FID 可以检测所有的烃类 VOCs，包括在发生厌氧降解时很常见的甲烷，但 PID 和 XSD 检测不到甲烷。因此，如果响应存在于 FID 上，而不是在 PID 或 XSD 上，则可能存在甲烷。

表 3-4　MIP 多检测系统对不同污染物类型的响应程度

MIP 检测系统	氯化或氟化乙烯	氯化烷烃	汽油、柴油或其他类似的石油燃油	BTEX、萘	甲烷	混合石油燃料或苯系物或卤代挥发有机物
PID	中~高	无~低	中~高	高	N/A	中~高
FID	低	低	高	高	高	中~高
ECD	低~高	高	N/A	N/A	N/A	低~高
XSD	中~高	高	N/A	N/A	N/A	中~高
备注	FID 通常对卤代烃 DNAPL 有响应	对 PID 上的卤代烃进行检测，可以鉴别出对 PID 不响应的卤代烃	对于 PID 与 FID 系统，其响应将随污染物风化程度的变化而变化	其他非氯化的挥发性有机化合物也可能产生类似的反应模式	用于跟踪填埋场气体导排、天然气释放或监测厌氧发酵甲烷的产生等	

　　土壤类型、饱和度以及污染物与探头表面的接近程度都会显著影响 MIP 检测地下污染物的能力。不同的土壤类型和饱和度的变化会影响 MIP 探针挥发化合物的能力，并可能导致检测水平的变化，但是这些变化与实际存在的污染物质量浓度无关。MIP 可使介质中的化学物质挥发，这些介质与其加热的膜直接接触，而不是从位于更远处的介质进入周围地层。如果污染物分布高度异质，MIP 系统可能无法检测距离探头太远的污染物。

　　当需要较低的检测限（如低于 ppm 水平）时，如当卤化 VOCs 是关注污染物时，可以使用低水平 MIP 系统。低水平 MIP 系统包括一个额外的载流气量调制控制器，用于在所需时间和深度启动和停止载流气。对于许多污染物，使用低级别系统可将 MIP 系统的检测水平提高约一个数量级。

　　2. 干扰

　　在高浓度区域，随着 MIP 的推进，可能会在探头的膜取样口处发生交叉污染，同时污染物进入载气管线会发生延滞。延滞或交叉污染导致信号响应缓慢，记录数据的深度位置将低于实际高浓度所在的位置。在较低浓度下，含有较低挥发性和较高分子量化合物的复杂混合物（如汽油）以较慢的速度通过气体管线，在较易挥发的污染物之后的某个时间到达检测器。这些效应可能导致探测器响应显示的深度大于污染物在地层中赋存的实际深度。这种延滞效应（Bumberger et al.，2012；Adamson et al.，2014；McCall et al.，2014）经常被误判为污染物的物理拖曳。在测井时污染物的实际物理阻力似乎比延滞效应少得多。

　　由于 MIP 是在没有对分析物进行分离和识别的情况下提供总 VOCs 检测，因此分析物之间的干扰很常见。在 TCE 和四氯乙烯（PCE）等氯化 VOCs 以及 BTEX 化合物存在的场地干扰最明显。TCE、PCE 和 BTEX 化合物在 PID 上引起响应（表 3-4）。因此，有必要查看仅氯代化合物引起响应的 XSD 和仅 BTEX 引起响应的 FID。使用多个检测器有助于识别污染物类型并减少干扰。

此外，一些天然和人造化合物虽然是无害的，但也会引发探测器响应。例如，天然松油或来自松树根或杜松根的类似天然芳香化合物如果深度接触 MIP 膜，可能会产生响应；一些潜在无害的人为干扰物包括异丙醇（摩擦酒精）或含酒精挡风玻璃清洗液等也可能产生响应。如果 MIP 系统使用 Nafion™ 干燥器进行操作，则可能会去除低浓度的酒精，但可能会检测到较高浓度的酒精。因此应对现场进行勘察，以评估非健康风险的挥发性有机物的潜在存在，如果确定存在且无法消除，则应将这些干扰因素纳入到数据解释中。

3.2.3 数据采集设计

选择适当的补充工具可以帮助定义污染物迁移途径、地质屏障、通量和其他关注的参数。可根据场地的污染物选择适当的检测器（表 3-3），但没有必要在所有钻孔站点同时使用多个探测器。FID 破坏了被分析的蒸气样品，因此 FID 通常是接收 MIP 载流气的最后一个检测器。同样，MIP 通常与其他测井工具一起使用，如 EC 阵列、HPT［或膜界面HPT（MiHPT）］或 CPT 传感器。需要注意的是，CPT 传感器只能用于 CPT 型直推式钻机，而不能用于锤击驱动的直推式钻机。应根据场地已知和预期的水文地质特性选择相应的补充工具。

MIP 产生的数据是定性到半定量的，并且容易受到干扰，因此应使用现场或实验室收集和分析的确认样本的定量数据来补充 MIP 数据。一般来说，实验室确认样品应从高、低和中等响应区域收集，以验证 MIP 在所有所需浓度范围内检测目标污染物的能力。验证采样还应考虑地质层的数量和位置，因为探测器响应可能受地质条件影响。此外，还应考虑监管部门对验证抽样提出的具体要求。

MIP 数据采集流程主要包括测试记录工作以及在此前、后的准备和调节工作。

1）测试记录前的准备和调节工作

在每次测试记录之前均需要对 MIP 测试记录系统进行检查，以验证系统各部分组件是否可以正常运行，以便在测试记录过程中获得高质量的数据。

在正式工作开始前，首先需要确定直推操作平台应具有足够的操作空间。然后打开载气，并依次开启检测系统、数据采集系统和 MIP 控制器的电源。载气的输出压力通常选择75kPa（40psi①），载流气量通常选择 40mL/min。通过测量回流管线中的气体流量，可以确认 MIP 探头和载气管路中是否有泄漏。如果回流管线中与进气管路中的气体流量差值小于3mL/min，则可以认为系统不存在泄漏问题。

进行化学响应测试来验证 MIP 的半透膜、管线、气体供应和地面检测器系统是否处于正常工作状态。化学响应测试是确保 MIP 系统数据质量的重要组成部分。在现场部署 MIP系统之前以及每次记录的前后，都必须进行化学响应测试。化学响应测试需要根据所关注

---

① 1psi = 1in⁻² = 0.155cm⁻²。

的现场污染物准备相应的标准溶液。

2）MIP 的测试和记录工作

完成质量检查后，将 MIP 探针放在直推式机器下方的对应位置，调平直推机器。在探头顶部放置顶驱帽，以保护管线在钻井过程中不受损坏。先将探针头部打入地下，使 MIP 的半透膜与地面保持垂直，然后将 MIP 的探针深度归零。开启数据采集系统的开关后，以步进模式将探针打入地下。每个步进打入的增量取决于所需要的分辨率级别。通常情况下，以大约 0.3m/min 的步进率可以获取 VOCs 分布羽的良好分辨率。例如，用 15s 将 MIP 向下推进 30cm，然后等待 45s，再进行下一次推进。具体的推送方案取决于监测方案中对数据质量目标的要求、地层基质特性以及地层中预期存在的化学物质。例如，砂性土中苯可以进行连续采样；但针对黏土中所存在的挥发性较小的化合物则可能需要探头停留较长的时间，为土壤基质提供更彻底的热量传递，使化合物充分地从基质中被解吸。惰性载气将样品吹扫至地表检测系统的时间随载气管的长度而变化。

随着探头的不断前进，MIP 的测井记录将显示在计算机屏幕上。采集软件保存的数据点均参考距地面的深度。MIP 测井曲线可以在现场打印，也可以使用可视化软件在电脑屏幕上查看，以进行现场决策。保存在 MIP 测井曲线中的其他数据包括前进速度、探头温度以及载流气量和压力（图 3-6）。可以将这些附加数据与测井曲线一同绘制，以帮助操作员决策是否进行测井曲线的审查和解释。

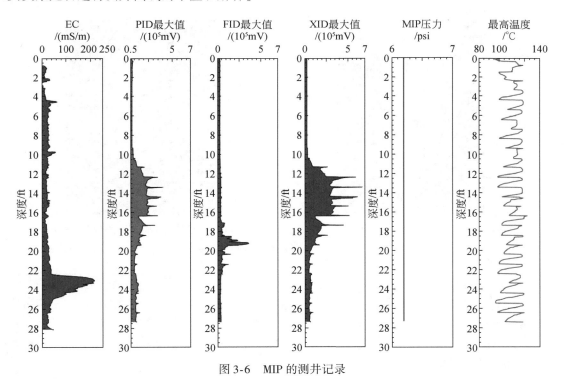

图 3-6 MIP 的测井记录

在现场记录中记录了对钻孔深度、载气压力差、温度波动和各检测器异常等观察结果。另外还需要注意探针是否在某一深度停了相对更长的时间。

在将 MIP 从钻孔中提升之前，使其在终孔深度停留一段时间，该时间的长度为钻进过程中停留时间的 2 倍，这样可以将最终探针位置的数据记录到数据采集系统中的适当深度。然后关闭 MIP 的加热器，以便对膜进行冷却，并尽量减少污染物的跨膜扩散，最后使用直推平台将 MIP 提升至地面。

3.2.4 质量保证与质量控制

质量保证测试是指探头上的每个传感器在测试前与测试后都是稳定的，以验证该设备得到的数据都具有较高的质量。针对某一污染浓度的污染场地，MIP 系统对其进行化学应答测试，须保证探头上的半透膜、线缆和检测器能够提供高于基线噪声的充足信号。

化学应答测试是一种十分重要的质量保证措施，其用于验证检测系统所提供每组数据的完整性。在化学应答测试时，操作人员引入了一种工作标准，即在已知污染场地浓度情况下，设置 45s 的膜停留时间，这可以匹配每个样品停留/保留间隔。引入的标准可以采用两种方式测量，展示在图 3-7 中。典型的可适用于 MIP 化学应答测试的污染物包括但不限于苯、甲苯、三氯乙烯和四氯乙烯。标准储液（stock standard，SS）检测量应该由上述一种或几种相近的化合物构成。

(a)探头浸泡在含有标准储液的钢或PVC管中　　(b)标准储液装入40mL小瓶并倒置到膜上

图 3-7　化学应答测试标准测量方式

1）标准储液准备

SS 的准备对放入测试筒内污染物最终测得的结果至关重要，以下几项是在 SS 测试中需要准备的：目标物纯品试剂（如苯、甲苯、三氯乙烯、四氯乙烯等）、微量注射器（推荐使用 25μL、100μL 和一个 500μL 或 1000μL）、25mL 或 50mL 量筒、数个 40mL 带标签 VOC 小瓶、25mL 甲醇等。制备的步骤如下：

（1）甲醇和所加入化合物总体积应都为 25mL。

（2）将甲醇倒入量筒中，倒至刻度 23.5～24mL 处，化合物加入体积根据密度折算。

（3）将量筒中甲醇倒入 40mL VOC 小瓶中。

（4）向含有 40mL 甲醇的 VOC 小瓶中加入大约等体积的标准分析物。七种常见的标准分析物列在表 3-5 的第三栏。

表 3-5　50mg/mL 标准储液配制 25ml 甲醇的纯化合物的密度和所需体积

化合物	密度/（mg/μL）	配制标准曲线（0.5L）所需体积/μL
苯	0.876	1426
甲苯	0.867	1442
二甲苯	0.860	1453
二氯甲烷	1.335	936
四氯化碳	1.594	784
三氯甲烷	1.480	845
三氯乙烯	1.464	854
四氯乙烯	1.623	770

（5）标注好标准储液名字（如苯、甲苯、三氯乙烯、四氯乙烯等）、浓度（50mg/mL）、创建日期和创建者。

（6）为确保标准储液可储存长达一个月，标准储液需要在冰箱/冷冻机中储存。如果没有冷冻条件，常温下频繁使用时至多保存三天。挥发性化合物会随着挥发作用，浓度迅速降低。

2）准备工作

在化学应答测试中需要准备的工具包括：微升注射器（需要 10μL、25μL、100μL 或 500μL 注射器）；现配的 50mg/mL 标准储液；标准化 2ft PVC 管测试筒（具有 24 个长度刻度或 40mL 刻度）；0.5L 的塑料杯/水罐，每次测试需要 500mL 水；秒表。

3）进行化学应答测试

（1）在 DI-Acquisition 软件中点开一个新的记录，进入响应测试页面，检测信号在开始测试之前应趋于稳定。

（2）在烧杯中称量 500mL 纯净水。

（3）根据表 3-6，称量相应体积的标准储液，倒入 500mL 纯净水中搅拌均匀，制备标准工作液。

表 3-6　标准储液体积及最终浓度表

50mg/mL 标准储液体积/μL	最终浓度/（mg/L）
10	1.0
100	10
1000	100

（4）如果检测基线已经检测到准备好的标准工作液，则选择"Clear Response Test"。

（5）当准备好标准工作液去运行化学应答测试时，将半透膜暴露在标准工作液中。有两种建议方法，第一种是将标准工作液倒入测试筒，然后将探头插入该筒；第二种是将标准工作液倒入 40mL 小瓶，然后将小瓶倒扣在探头的半透膜上［图 3-7（b）］。

（6）点击 Run Response Test 按钮，开始化学应答测试，并立即将 MIP 半透膜暴露在测试液中（图 3-7）。

（7）将半透膜暴露在测试液中 45s，这个时间与探头在钻探过程中应答间隔时间相同。

（8）当观察到化学应答测试结果开始上升时（如图 3-8 中约 50s 时），说明半透膜已暴露于测试液中，并开始产生所谓的化学应答，使行程时间很容易被记录。

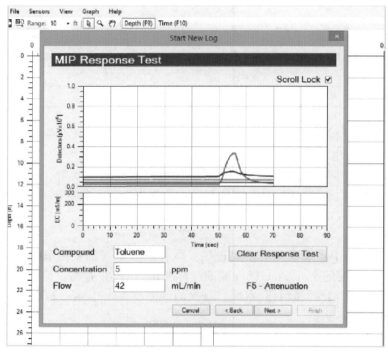

图 3-8　运行化学应答测试

（9）每次测试时都需要配置新鲜的标准工作液，工作液彼此之间不可以重复利用。

（10）在化学应答测试通过检测器后，操作者可以看到充分的检测器应答，此时可以点击 Next，去运行 EC QA 测试。

4）污染物出峰时间确定

化学应答测试也可以测量出污染物出峰时间，操作者可以将峰值曲线输入到 MIP 软件中，并用于精确绘制污染物在土壤中不同深度污染量的变化。出峰时间指的是污染物从线缆中运输到 MIP 检测器中的时间。该时间首先受到线缆长度和载气流速的影响，同时也受到具体沸点的影响。化学出峰时间可以确定 Pre-Log 应答测试的结果。如图 3-9 ~ 图 3-11显示了不同浓度物质在不同检测器的出峰时间。其中图 3-9 显示了浓度为 5ppm 的苯溶液在 PID 的响应曲线，其出峰时间大约为 55s。

5）合适的化学反应测试浓度应答

应用于化学应答测试的污染物应与污染场地中的污染物相同，并且浓度接近，此时设备能够给予最准确的化学应答，并给出准确的出峰时间。如果本次化学应答测试的目的是绘制某干洗店污染泄漏的污染羽，则选定的化学应答测试标准工作液应为浓度尽可能低的 PCE （≤1mg/L）。如果测试目的是绘制某加油站石油泄漏的污染羽范围，则操作者应该选取接近检测限的 BTEX 化合物或汽油混合的污染物。如果测试目的是绘制高浓度污染物污染范围，则应该以高浓度进行化学应答测试，如 10～50mg/L。这可以降低线缆进行化学应答测试发生交叉污染的可能。

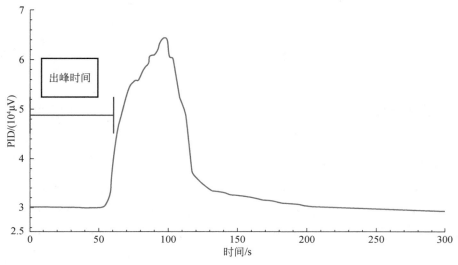

图 3-9　PID 上苯的响应曲线 （5mg/L）

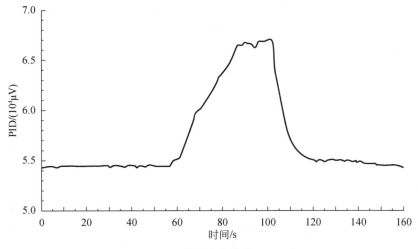

图 3-10　PID 上苯的响应曲线 （2.5mg/L）

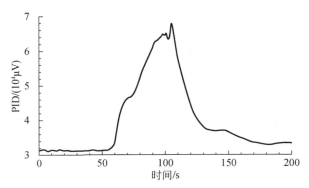

图 3-11　XSD 上 TCE 的响应曲线（5mg/L）

3.2.5　数据解释和表达

1. 数据解释

标准 MIP 系统能够识别化合物族和确定的一般化合物类，但不能鉴别单个化合物。MIP 中的 PID 对电离电位小于 PID 灯泡电子电压（10.6eV）的化合物有响应。当载流气中的含碳的有机化合物浓度足够高时，会在 FID 的火焰中燃烧，从而增加火焰的电离电压以此来判定浓度高低。石油碳氢化合物在 PID 和 FID 上均有响应。新鲜油类污染物主要含有芳香烃，如苯、甲苯、乙苯和二甲苯，它们在 PID 上响应强烈，在 FID 上响应不太好；当油类污染物分解或风化时，其分子结构从主要的芳香烃转变为主要的直链烃（单键烃）。直链碳氢化合物通常不显示在 PID 上，但因其具有较高的电离电位，所以在 FID 上有明显的响应。风化石油仍会有一个稍明显的信号在 PID 上，但可能显示一个更强的 FID 信号。从 MIP 响应中确定污染物浓度的唯一可靠方法是采集确认的土壤和或地下水样本进行实验室分析。在获得结果后，实际浓度可以与 MIP 的响应进行比较，并可以评估整个场地的浓度。

2. 数据表达

现场调查成果描述探头响应测试程序和每个孔的最终记录，提供钻孔表并提供基本钻孔信息，如钻孔 ID、总深度、日期和时间以及位置图或坐标，其中还包括对所有日志的质量控制（QC）审查，并描述与各日志运行相关的问题。

现场调查通过 ECD 对卤代烃和 FID 对挥发性碳氢化合物的响应，以及土壤电导探头对不同土壤性质反映的土壤电导率，结合探头钻进深度传感器，MIP 响应可直观反映污染物存在的地层位置及其相对浓度。探测结果表达如图 3-12 响应谱峰所示。

3.2.6　工具和数据的局限性

土层性质、饱和度、多种化合物的存在和其他因素会影响 MIP 对污染物浓度测定的准

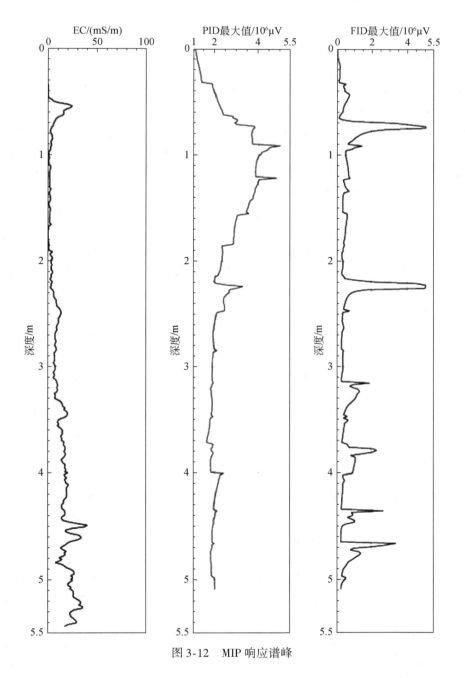

图 3-12   MIP 响应谱峰

确性，在测试过程中电信号的响应与浓度关联性较差。在某些情况下，与化学分析方法相比，MIP 结果的定量相关性较差，特别是在样品有限的情况下。MIP 值可能会因地点而异，并且对于特定化合物或浓度不是绝对的或唯一的。MIP 没有响应并不一定表明所研究的土壤柱不含 VOCs 或 SVOCs，因为 MIP 检测污染物浓度要达到一定限值才有应答。因此，MIP 不能用于直接确定特定介质中污染物是否超过了健康的水平。

3.2.7   支持和增强的仪器和技术

尝试使用标准 MIP 配置来表征低水平或高水平污染场地可能具有挑战性。在某些情况下，修改的现场程序或稍微修改的工具版本允许在这些点位进行表征。低水平 MIP 系统通过暂停返回载气来检测浓度较低的 VOCs，从而将探测器检测到的 VOCs 响应值集中至同一个数量级范围内。加热传输管线 MIP（HTL-MIP）采用加热主干管线，以最大限度地减少主干管线分析物在较冷的环境条件下因高水平分析物浓度或冷凝而发生的滞留。这两种方法都需要对标准 MIP 进行硬件修改。

MIP 通常与其他直接传感工具结合使用，以便在一次推送期间收集尽可能多的地下信息。MIP 配备了一个小型偶极 EC 阵列以便在探针前进时获取块状地层 EC 的日志。在许多情况下，MIP 配备了 HPT 端口（MiHPT）以进行注入测井。串联 HPT 测井提供了注入流量和压力日志与深度的关系，以帮助评估地层渗透率。EC 和 HPT 日志一起使用可以帮助更好地定义地下的地质和水文地质特征。用 HPT 和 EC 日志绘制 MIP 日志可以帮助识别污染物迁移途径或 VOCs 的低渗透性反向扩散源。MIP 还可以与 CPT 锥体一起推进，以获取有关土壤类型和材料强度的信息。建议对沉积层进行有针对性的采样，以确认 VOCs 的分布和岩性解释的 MIP 日志数据。

3.3   光学图像分析技术

3.3.1   工具描述

光学图像分析器（optical image profiler，OIP）是一种使用可见光和紫外线光源捕获土壤图像的高分辨率现场表征（high resolution field characterization，HRSC）工具。它也是通过直推平台驱动紫外荧光探针来定位非水相碳氢化合物（如碳氢燃料、油和焦油）的污染，可用于描述包含多环芳烃（polycyclic aromatic hydrocarbon，PAH）的非水相液体（NAPL）在地下的分布状况。直推钻机驱动 OIP 时可以生成多个数据集，能够提供实时的检测信息，OIP 探针之间可切换的可见光和荧光图像以及配备的电导数组可用于记录土壤岩性，其探测器能够记录的深度可大于 24m。

OIP 系统采用 275nm 紫外发光二极管（LED）来诱导多环芳烃中的荧光，一个可见光（白光）LED 来检测介质，以及一台集成摄像机来捕捉这两种介质的图像。其理论依据是多环芳烃受紫外光照射下能发出荧光，当暴露在某些类型的光下时，萘丙酯中的化合物会发出荧光。由于这些被激发的化合物的性质不同，激发释放的波长也不一样，较小的多环芳烃分子（如萘）释放出较短的波长，而较大的分子释放出较长的波长。图 3-13 展示了蒽的对称吸收和发射光谱。

除了 NAPL 荧光测量外，该工具还包括一个集成 EC 阵列和一个 HPT 工具。集成 EC 阵列测量的地层电导率，可用于推断所遇到的土壤类型。HPT 测量注入水的背压和流速，

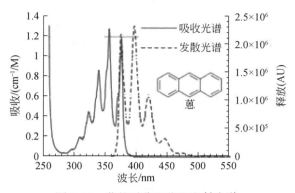

图 3-13   蒽的对称吸收和发射光谱

以估算土壤渗透系数。

根据检测介质的不同，光学图像分析器（OIP）提供两种光源：OIP-UV 和 OIP-G。OIP-UV 探头使用 UV LED 和可见光摄像机，适用于汽油、柴油等燃料的表征。除了显示区域荧光百分比的过滤图像外，OIP-UV 还为客户提供探测窗口外土壤的全彩图像。OIP-G 探针采用绿色激光二极管和红外摄像机，非常适合于表征煤焦油、杂酚油、重燃料或石油。该系统使用红外摄像机过滤掉绿光，因此探测器返回的可见光图像是黑白的。

OIP 包括 OIP 探针、现场仪表、光学接口和笔记本电脑（图 3-14 和图 3-15）。现场仪表与安装在探针上的 EC 偶极子和位于表面的串电位器连接用来提供电源，并允许数据传输。串电位器安装在直推装置上，提供关于探头深度和推入速率的信息。光学接口为井下摄像机和 LED 供电，并将图像传输到笔记本电脑进行分析。

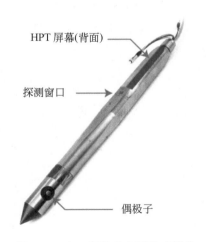

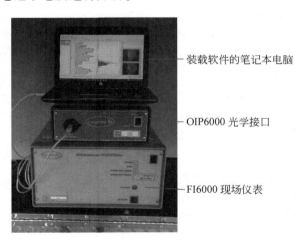

图 3-14   OIP 探针的主要组成部分   图 3-15   地上 OIP 系统组件

OIP 探针采用直接推进冲击驱动方法，以大约 2cm/s 的速度进入土壤和松散地层。在石油勘探中使用的标准探针（图 3-16），配备了 275nm（VIS）LED。

图 3-17 左侧显示了 EC 和荧光对数的百分比面积随深度的变化，右侧是捕捉到的静态图像。静态和动态的紫外线图像都由软件分析，并显示在笔记本电脑上，以便在现场进行

分析。

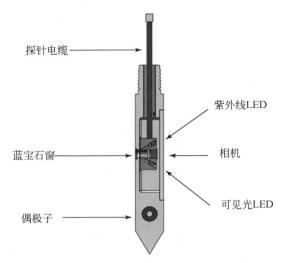

探针电缆

紫外线LED

蓝宝石窗

相机

可见光LED

偶极子

图 3-16　标准 OIP-UV 探测器集成 EC 阵列

在操作过程中一般很少查看单独的数据，而是与传感器获得的信息相结合。所有的 OIP 探针在工具的末端都配备了一个小型的偶极 EC 阵列，以便在探针的推进过程中获取地层电阻率的测井曲线。大多数 OIP 探针都可以安装 HPT 端口进行注入测井（图 3-18）。这些传感器的信息可以与荧光数据的 OIP 百分比区域和 EC 测井信息一起查看。此外，OIP 探针还可以安装 CPT 锥体，以获取土壤类型和介质强度的信息。

HPT 的测井曲线提供了压力随深度变化的测井数据，以帮助评估地层渗透率。将这些测井曲线与 OIP 荧光测井曲线一起查看，将有助于更好地确定污染物迁移路径，或者有助于评估位于低渗透性阻隔层中的污染源的扩散（图 3-19）。

OIP 主要优点有：

（1）实时数据采集，可以实时决定和选择下一个井孔位置。

（2）原位土壤的可见图像为土壤特性提供了额外的证据，可以对粒径和土壤颜色进行定性评价，以改进 CSM。

（3）适应性强。Cascade 公司的 OIP 团队在现场使用了具有膜接口探针（MIP）功能的工具，可以轻松切换到该系统来描述溶解相的影响。

3.3.2　技术限制

OIP 检测各种污染物的能力取决于污染物的各种物理和化学性质，但是一些矿物会发出荧光等干扰，进而导致假阳性结果。如果需要使用 OIP 工具来解释这些潜在干扰，并将土壤样品浓度与荧光响应结果进行比较时，则需要进行验证性取样（二次取样）和分析。

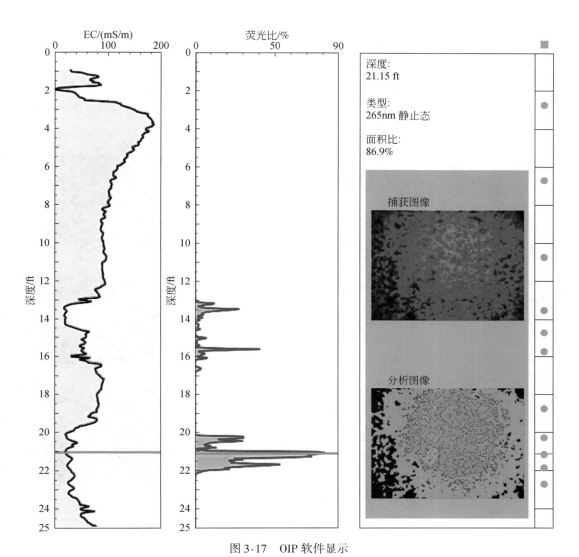

图 3-17 OIP 软件显示

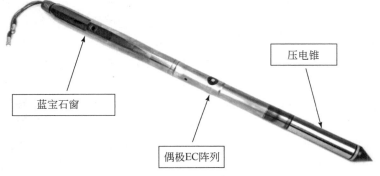

图 3-18 OIP 探针与 HPT

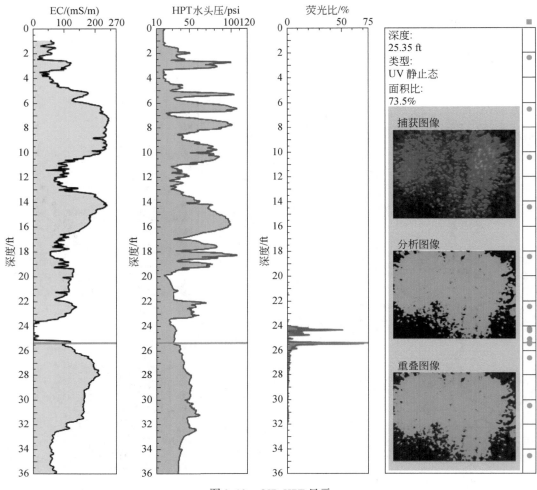

图 3-19　OIP-HPT 显示

1. 检测限

　　OIP 的检测敏感性取决于污染物的化学特性、污染土壤类型和其他因素。由于 OIP 只能检测到 NAPL 的存在，故缺乏 NAPL 的多环芳烃化合物可能表现出很少或没有荧光特征。多环芳烃在汽油中的检测限高于柴油、原油和机油。此外，污染物的风化和生物降解往往也会使得荧光特性降低；在 OIP-UV 系统中，富含大分子量化合物的多环芳烃产品也可能表现出荧光降低。

　　激光透导荧光（laser induced fluorescence，LIF）反应倾向于在粗粒物料中较强，而在黏土等细粒物料中较弱（Teramoto et al.，2019）。OIP 作为一种基于荧光的检测工具，也可能受到颗粒大小的影响。OIP 的荧光数据不能反映出污染物的类型，需要进行取样和实验室测试分析才能明确污染物类型。纯氯化污染物对 OIP 是不可见的，因为氯化 NAPL 在紫外线下不会发出荧光，除非它们与多环芳烃（如脱脂废物）混合。氯化重质非水相液体可以用 LIF 检测，氯化的挥发性有机物包括重质非水相液体，可以用 MIP 检测。

2. 干扰

一些自然和人造材料也会发出荧光，并可能导致假阳性结果。最常见的天然干扰物是方解石。方解石是一种石灰岩、贝壳和石灰土中的矿物，它在 OIP-UV 照射下，荧光几乎是最小的。为了验证 OIP 系统是否观察到假阳性荧光，需要对土壤进行采样。许多人造材料（如纸和塑料）也会发出荧光，因此在垃圾填埋场或类似场地使用 OIP 技术会有较大的误差。

3. 验证性抽样

OIP 是一种筛选工具，因此需要对筛选出的区域内土壤取样分析加以验证。取样验证时可基于测井数据来确定取样的位置和深度。同时，应在高、中、低荧光区域以及少数非检测区域采集样本。需要注意的是，NAPL 在地层的分布形态类似于弥漫性神经节的形式，在异质性材料中也会存在优先迁移途径，因此使用传统的固定采样方法来验证 OIP 结果可能会存在问题。通常取样验证的目的是确定 OIP 的探测结果是否与实验室测试分析结果一致。当两者的结果不一致时，则不能用于确定现场是否出现污染。但是，我们使用 OIP 技术的目的是基于其所获得的大量数据来确定大致的污染范围。因此，应该收集验证性的样本来确认 NAPL 的存在，而不是直接比较成对的、搭配的样本。OIP 和其他化学测井数据与样品的实验室分析的定量相关性往往很低，这是由测试分析方法的差异性等若干因素造成的。

3.3.3　质量保证与质量控制

现场应用 OIP 进行探测时需要遵循相应的 QA/QC 标准，以确保数据的可靠。QC 应在每个软件记录生成期间和之后执行，并应注意确保操作人员执行必要的 QC 流程。除了开展现场工作前对作业人员进行全面的培训和跟踪记录作业人员的现场工作流程外，在 OIP 测井活动之前、期间和之后，还必须了解和遵守经批准的现场程序。

1. 使用前的质量保证

评估场地条件、地下污染类型和项目目标，以评估 OIP 的适用性。其中一项评估包括在开始现场工作之前收集 NAPL 和土壤样本，以测试和评估 NAPL 的反应以及假阳性和背景干扰的可能性。使用前评估的另一个重要考虑是决定如何定义该地点的探测禁区。许多使用直推技术的调查将拒绝探测（即实际区域已不再适用该技术）定义为探头的前进速度（通常在操作平台的屏幕上显示）低于 0.5ft/min。设备操作人员应按照制造商的标准作业指导书，在推进 OIP 之前完成所有必需的 QA 测试。这些测试将确保探头在使用前没有损坏，没有干扰，探头传感器对参考标准能作出适当的响应。在开始工作之前获得的 QA 测试数据应保存到记录文件中，并应包括对已知测试产品的所有图像和荧光反应。在日志记录完成后，可以随时查看该文件。通常，在每个日志完成之后（或至少在一天的最后一个日志之后）执行相同的 QA 测试序列，以验证最终日志的数据质量。在日志记录之后获得的 QA 测试数据也应该保存到日志文件中。

2. 使用时的质量控制

在使用 OIP 时，直推钻机操作员与 OIP 操作员之间的顺畅沟通是成功实施探测的关键。OIP 操作员和直推钻机操作员应统一口头命令和手势，以提醒钻机操作员何时停止探针推进，以便捕获静态图像。在高荧光区（紫外和可见光区域）或发生岩性变化的区域（可见光区域），良好的静态图像在检查测井资料和最终开发 CSM 时都很有价值。随着 OIP 探针的推进，实时荧光图像显示在屏幕上。这些图像可用于确认在荧光测井的百分比区域内绘制的指示荧光图是否存在。如果没有荧光，屏幕上的荧光图像以及保存到文件中的荧光图像都是暗的。对于油品类的调查，OIP-UV 生成的图像显示典型的油品类荧光为蓝光。有时，在 OIP-UV 下油品类定义的波长之外的荧光灯可能会被观察到，但软件中的数字滤波器不会将这种荧光灯识别为需要关注的污染物。未过滤图像的捕获速度为 30 帧/s 探针每向下前进 0.5ft 则保存一幅图像。对 0.05ft 范围内获得的多个未保存的图像进行处理（滤波和平均），以获得该范围内荧光面积的百分比。在某些情况下，观察荧光灯和可见光（反射光）或红外图像可能有助于识别引起假阳性反应的物质。UV 和串联 VIS（仅 OIP-UV）或红外（仅 OIP-G）图像可以帮助识别地表下具有可识别形状或图案的物体，如纸张或贝壳（图 3-20）。土壤中的钙性结节可以发育，其特征形状和大小可能与流体产物不同。因此，在使用 OIP 技术时，可能需要在某些地点进行有针对性的抽样，以核实涉嫌引起假阳性反应的材料。

(a)可见光图像   (b)荧光图像(仪器记录了 64% 的荧光面积)

图 3-20 海贝芯片的小型试验图

3. 使用后的质量控制

响应检查在每次日志运行之前和之后运行，包括当天的最后一次运行。使用 OIP 后的 QC 测试包括检查工具窗口的损坏和污染，检查以确保摄像机帧率不变低，检查响应测试之间的一致性，并通过检查视觉图像测试的焦点和清晰度，验证光学窗口或光学腔内没有污染，在黑匣子测试中验证非检测响应。此外，偶尔重复运行以验证可重复性，并收集有针对性的已知土壤样品进行分析，这是 QC 测试的一部分。

3.3.4　工具和数据的误用

NAPL 荧光原位摄影对地下多环芳烃（PAH）荧光的摄影提供了验证，并在一定程度上表明荧光 NAPL 与地层介质之间的关系，以及 NAPL 在地层中的分布（如悬浮态、赋存于土壤孔隙的饱和态）。OIP 无法检测多环芳烃的 NAPL（如氯化 NAPL）。

各种因素都可能影响 OIP 响应，因此在审查日志时应注意防止过于简单化的解释。当探针进入地层时，地层和其中包含的 NAPL 都会受到干扰和压缩。这会导致图像（和荧光测井中的合成面积百分比）可能高估在任何给定深度观察到的 NAPL 量。

3.4　激光诱导荧光技术

LIF 是一种现场便携式系统，可检测地下的 NAPL，包括通过重质原油提炼的大多数精炼燃料。LIF 利用激光激发 NAPL 中的荧光分子，包括喷气燃料/煤油、石油燃料/油、煤焦油和杂酚油。此外，LIF 还可检测添加到非荧光 NAPL 中的荧光化合物。该系统采用带液压锤的直推平台或 CPT 装置进行部署，并提供定性到半定量的实时结果。LIF 通常不会对 NAPL 产生的溶解或气相多环芳烃产生反应。荧光记录为% RE：相对于参考发射器（RE）校准标准的响应。

LIF 的工作原理是利用激光将 NAPL 中的 PAH 电子激发到更高的能量状态。被激发的 PAH 电子返回基态，释放出波长比激发激光长的光子，产生的荧光由检测器记录。PHA 是大多数化石燃料和焦油类物质的基本成分。它们是多苯环结构，最简单的是萘（两个环）。汽油比柴油含有更少的 PHA。沥青和杂酚油等焦油状物质中 PAH 占有更大的质量百分比。PHA 以特定波长发出光，指示其大小和取代度。较小的 PHA 分子（如萘）发射较短的紫外波长；越大的 PHA 释放的波长越长，有的能延伸至红色甚至红外光谱。

在合适的条件下，荧光强度与 NAPL 的存在量成正比。此外，不同的 PHA 在激发后或多或少会发出荧光（寿命不同）。一些 NAPL 在激发后会发出短时间的荧光（1 ~ 2ns）（如煤焦油），而其他 NAPL（如柴油）在激发后会发出更长时间的荧光（50 ~ 100ns）（Aldstadt et al., 2002）。

3.4.1　工具描述

LIF 是一种利用激光激发存在于绝大多数有害的非水相液体（NAPL），如石油燃料/石油、煤焦油和杂酚油中的荧光分子的技术。在钻孔中直接观测 NAPL 出现其固有荧光的位置可快速且经济地描绘出 NAPL 在地层中的分布。另外，可在 NAPL 钻孔站点上进行大量的 LIF 记录，从而提供详细的与 NAPL 相关的场地概念模型（CSM）。LIF 系统由一个带有蓝宝石窗的探头直推式（锤击或静压）系统、脉冲激光器、波长选择模块、光电倍增管、示波器和控制组件并记录数据的计算机组成（Aldstadt et al., 2002）。实际操作中将含有蓝宝石窗的探头以约 2cm/s 的速度推入或锤击到地面，大约每 0.05ft 获得一次测量数据，其中光纤电缆会将井下的脉冲激光传输到光线离开探头的窗口，并且照亮相邻的土壤和沉积物以及 NAPL（如果存在）（图 3-21）。目前 LIF 的技术人员已经开发出一系列的 LIF 设备，包括为紫外线光学筛分工具（UVOST）、焦油专用绿色光学筛选工具（TarGOST）和染料增强激光诱导荧光系统（DyeLIF）等。

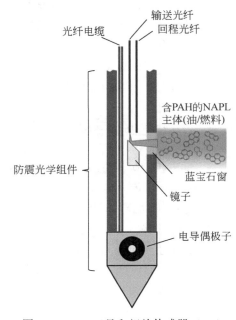

图 3-21 LIF 工具和相关传感器（EC）

1. UVOST

UVOST 技术可有效描述地下石油、机油和润滑油（petroleum oil lubricants，POL）污染物。所有常见形式的 POL（汽油、柴油燃料、喷气燃料和液压油），都可以通过其多环芳烃成分的荧光响应来检测，荧光信号与 NAPL 浓度成比例变化。UVOST 技术检测污染物（汽油、柴油等）的示例中，波形的形状代表了荧光的颜色和寿命，依此来判断污染物的类型。一般来说，总荧光响应的强度预计会随着 NAPL 孔隙饱和度的增加而增加。在台式测试中（土壤和 NAPL 保持恒定），通常 NAPL 含量和 %RE 在三到四个数量级上呈线性关系，这主要取决于具体 NAPL，而在三到四个数量级上的 %RE 呈线性（单调）大小取决于 NAPL 和土壤类型（Coleman et al.，2006）。在所有 LIF 系统中，这种几个数量级的单调关系都是典型的，但是当 NAPL 变得富含 PAH 并且内部淬火机制开始占主导地位时，这种单调关系就不存在了，接着反应开始减弱；并且在许多情况下，是随着 NAPL 浓度的增加而降低。若假设荧光强度和 NAPL 孔隙饱和度之间存在单调关系，但是由于许多其他因素会影响这种理想条件，所以就无法保证这种单调关系的存在。因此，在解释 LIF 日志之前，充分了解影响荧光响应的因素是非常重要。图 3-22 说明了所示相同数据的单调（线性）响应。但是 UVOST 很难检测含高浓度 PAH 的 NAPL，如焦油、杂酚油等，但这些重质 NAPL 可以通过 TarGOST 来进行检测。

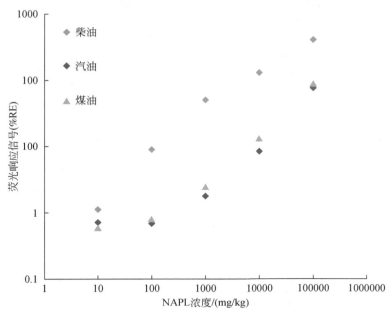

图 3-22　常见燃料在 20～40 目二氧化硅/石英砂中的 UVOST 响应

2. TarGOST

TarGOST 是一种多波长激光系统，是专门检测较重的碳氢化合物的一种技术。这些重质 NAPL 就是 DNAPL，它们的密度较高，包括煤焦油、杂酚油、罐底油泥、船用燃料和用于脱脂（用于清洁被碳氢化合物污染的物品）的氯化溶剂。图 3-23 为 TarGOST 检测示意图。如图 3-24 所示，煤焦油和杂酚油在多个数量级上具有良好的线性响应。

对于检测 DNAPL，TarGOST 系统比 UVOST 系统具有如下优势：①煤焦油、杂酚油和其他 DNAPL 可以以高度异质的方式分布；②比水密度更大的 NAPL 可能比 LNAPL 更深；③大多数混合组分 DNAPL（如煤焦油等）的典型检测限范围为每千克土壤 100～1000mg NAPL，这个检测限也利于观察。

3. DyeLIF

染料增强激光诱导荧光系统（DyeLIF）工具是一种新的场地表征技术，有助于快速、经济、高效地描述地下残留的氯化溶剂 DNAPL。DyeLIF 是利用时间分辨 LIF 技术，在窗口前注射荧光染料，使染料与非荧光 NAPL 混合并引起反应。这项新技术有可能在直接可行的地点快速划定 DNAPL 污染区域，从而显著改善有针对性的补救措施。图 3-25 为 DyeLIF 探针穿过受 DNAPL 影响的土壤地层示意图。DyeLIF 染料在接触 NAPL 时会发出更强烈的数量级荧光。它还会改变颜色并增加荧光寿命——所有这些都记录在 DyeLIF 波形中。目前在 DyeLIF 工具中使用的染料比原来的染料发出更强烈的荧光并且更普遍有效，原来的染料对三氯乙烯（TCE）和四氯乙烯（PCE）有很强的反应，但对于一些其他类别的 DNAPL 仍缺乏足够的反应以至于无法被检测。目前的染料对苯和甲苯等单芳烃以及氯

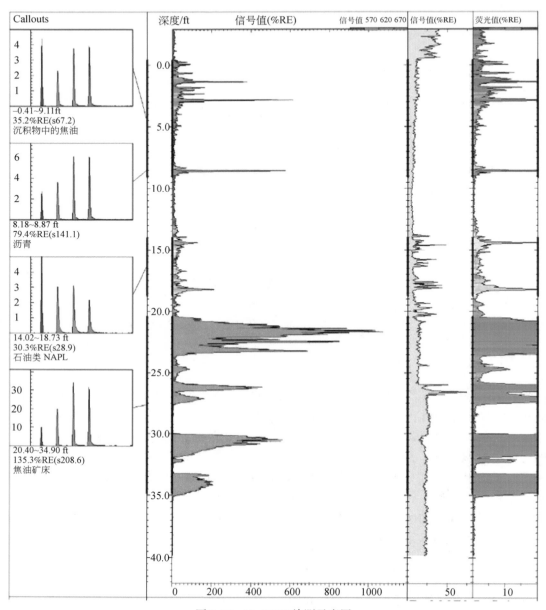

图 3-23　TarGOST 检测示意图

苯、二氯乙烷、三氯乙烷、四氯乙烯和三氯甲烷等的表现良好。

4. LIF 技术的适用性选择

对于特定的 NAPL 来说，选择合适的 LIF 工具是必要的。其中许多 NAPL 的风险是高于目标 NAPL 的，但是一些 LIF 系统是无法检测出的。例如，UVOST 设计用于表征轻燃料 LNAPL，并且对许多煤焦油没有反应，这些煤焦油是 DNAPL，其毒性和顽固性可能会比柴

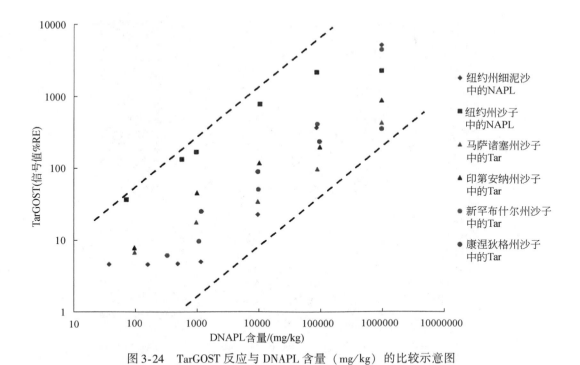

图 3-24 TarGOST 反应与 DNAPL 含量（mg/kg）的比较示意图

油高数百倍。另外，焦油专用绿色光学筛选工具（TarGOST）系统设计用于煤焦油划定，却无法监测汽油。选择不合适的 LIF 工具可能会漏检污染物，并且会浪费金钱、精力并降低修复效果。

3.4.2 技术限制

1. 地质条件

LIF 通常在未固结的地层中应用，其具有与其他直推工具相同的限制。如今，LIF 已可成功地用于较硬的基岩，方法是在以前填充有沙子和有机黏土混合物的取芯钻孔中推进直推技术 LIF（Hale，2011）。

2. 验证性抽样

与 LIF 结果进行比较的验证性土壤采样可能被证明是不成功的，原因如下：

（1）在有利于 NAPL 发生的地层（如沙子、砾石）中采样可能导致样品结果与地下 NAPL 位置之间的相关性差，这可能是由于采样方法之间的深度不匹配（特别是当 NAPL 发生在薄层中时）。

（2）通常含有大量 NAPL 的较粗材料可能更难以取样或保留在取样装置中。其原因是为了设备关键位置的良好恢复而导致的采样困难。

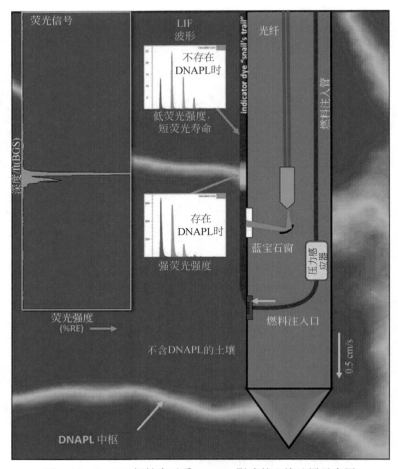

图 3-25　DyeLIF 探针穿过受 DNAPL 影响的土壤地层示意图

（3）确认样品通常从不同的钻孔中收集，尽管钻孔可能接近被确认的 LIF，但短距离的自然岩性异质性可能很大。为了控制这一点，实验室确认样品拆分可以通过 LIF（台式测试）重新分析，以确保通过 LIF 和实验室技术测量的是相同的样品。建议使用此方法以确保两种方法分析相同的样品。

（4）如果 NAPL 尚未单独表征，则选择的实验室测试可能不包括 NAPL 中存在的初级化合物。如果实验室结果没有检测到 NAPL，则需要进一步的实验室分析以识别荧光材料。

3. 检测限制

LIF 通常不能检测到与 NAPL 相关的溶解相或气相物质。未被归类为可检测的异常 NAPL 或没有有关 LIF 响应信息的 NAPL 应发送给供应商进行测试。这对该技术的成功应用至关重要，因为假阴性（地下的 NAPL 对 LIF 没有反应）会影响未表征的污染物质量，除非有大量的共同采样，这是 NAPL 释放点的一项可能令人生畏且昂贵的任务。了解一项技术检测现场可能存在的所有 NAPL 类型的能力的局限性对于任何传感器（包括 LIF）的成功都是至关重要的。航空汽油是所有荧光系统的一个显著例子，在许多地点和实验室测试中未能产生令人满意的 LIF 响应。

4. 干扰

误报可能由有机物、海贝壳、泥炭、方解石（石灰石）和钙质砂引起。这些误报通常可以被识别并从 CSM 中删除，因为它们通常生成与 NAPL 不同的特征（波形），这为调查人员提供了一些证据来识别假阳性与 NAPL。垃圾填埋场等处置场所也含有经常发出荧光的人为材料（如塑料和纸张），这会干扰 LIF。其他可能导致误报的材料包括泥炭土和草炭土、沥青、坚硬和黏稠的焦油、树根、下水道管线、煤炭和生石灰。

颗粒粒度较细且富含有机物的沉积地层对于 LIF 的使用具有较大的限制。大表面积和小粒径土壤（如土）可以隐藏 NAPL，使其无法被 LIF 检测到。在这些条件下，除非有清晰的视线，否则传感器看不到黏土间隙空间中的 NAPL。LIF 对土壤中石油碳氢化合物的敏感性已被证明与土壤的可用表面积成反比。砂质土壤的总可用表面积往往比黏土低得多，因此砂质土壤中的碳氢化合物通常比富含黏土的土壤产生更高的荧光响应。这些环境可能导致高背景读数和基线漂移，这可能不利于正确的解释，并可能掩盖较小的信号，通常需要高级数据分析。

与土壤类型相关的其他因素也可以影响荧光响应，包括矿物学、土壤聚集程度和水分含量。增加含水量往往会阻碍沙土中的 LIF 响应，但会增强黏土中的 LIF 响应，而在沙黏土混合物中的 LIF 响应可以忽略不计，它们各自的效应会相互抵消。

3.4.3　数据采集设计

为确保使用直接传感工具在勘测期间收集的数据有效且具有成本效益，特别重要的是确定勘察的目的（如确定土壤钻孔/监测井的位置、协助设计补救系统、岩土工程勘察）。在开始任何直接感应调查之前，一些可能有助于增强 CSM 实施前的数据包括：①发布点或源区域信息；②历史用途；③地下公用设施或结构的位置；④可用的土壤和地下水采样数据；⑤地下水和基岩的深度。这些数据应用于确定开挖掘进位置、测量地下水深度和基岩深度，且有助于估计钻孔的总深度。

直接传感工具可与静态或动态采样方法结合使用。如果使用固定采样方法作为动态采样方法的第一步，则将钻孔设置在网格上，以便生成的数据有助于理解地下的概况。这种方法在对现场污染物分布和水文条件知之甚少的地区更有用。如果项目预算有限，则对关键区域的样带进行采样有助于对地下地质进行全场范围的了解。动态工作策略可以利用这些工具提供的灵活性来实时调整采样计划（如修改或添加采样位置）以解决不确定性。使用直接传感工具进行调查所需的采样位置数量因场地而异，可以通过评估地质、水文地质和优先迁移路径所需的数据点数量来确定。

与传统的钻孔工具类似，直接传感工具具有交叉污染的风险，具体取决于穿透深度。当两个或多个由低渗透率屏障隔开的传输区连接时，就会发生交叉污染。如果其中一个含水层含有 NAPL 或高污染物浓度，则最好在渗透率较低的屏障顶部停止钻进，以免污染物进入更深的污染较少或更清洁的区域。

虽然直接感应工具在与地下直接接触时应起到密封作用，但在工具检查过程中并非如此。如果不安装监测装置，则灌浆孔是防止污染物垂直迁移的一般最佳实践。

3.4.4 质量控制

必须建立并遵循 QC 标准，以确保数据的可靠性。除了全面的操作员培训（可在开始工作之前进行验证）和操作员成功使用的跟踪记录外，还必须在 LIF 活动之前、期间和之后了解并遵循批准的现场程序。

1. 使用前的质量控制

在项目规划阶段，应评估现场条件和项目目标，以确定 LIF 是否是合适的工具。如果需要，可以收集和测试 NAPL 和土壤样本，以评估 NAPL 响应以及假阳性和背景干扰的可能性。应该注意的是，台式 NAPL 分析也可以在现场工作后进行，但这种延迟消除了将这些响应纳入记录日志实时解释的可能性。

在开始工作之前，请与操作员讨论在前进变得困难时他们应该用多大的力度，以减少设备损坏或设备卡住的可能性。在推进 LIF 工具和系统之前，设备操作员应测试设备，并验证其是否处于良好的工作状态。这包括：

（1）确保元件室的正确设置和对准，并在必要时评估和减轻雾化。

（2）记录和评估 % RE。

（3）记录和评估系统背景响应（蓝宝石窗上没有任何内容）。探针内部的异物可以发出荧光，从而对探针外部（即地层中）存在物质所发出的荧光形成掩蔽。背景不应超过 1% 的 RE，如果可能的话，最好 <0.5%。这使得窗口外的小响应更容易被检测和解释。

（4）获取基线土壤响应（如从富含碳酸钙的土壤中获取），以了解是否可以掩盖小的污染物响应。这通常是在场地中以前没有报告过影响的区域。如果尚未确定此类区域，则通常可以在 LIF 推进期间从似乎未受影响的间隔确定背景响应。

（5）如果有产品样品可用，请应用于蓝宝石窗以记录特定地点的响应。低黏度 NAPL（如汽油）需要应用于堆积在探针窗口上的少量潮湿沙子上，以防止可能产生人为低荧光响应的薄层和蒸发。

2. 使用中的质量控制

在现场工作期间，设备操作员必须在每次记录之前重复以下质量控制措施：

（1）验证元件室是否处于良好的工作状态，并且没有起雾。

（2）记录 % RE 以校准该日志的工具。

（3）记录系统后台响应（清洁窗口）。同样，背景不应超过 1% 的 RE，如果可能的话，最好使 RE<0.5%。

（4）波形和其他并行输出应在整个 LIF 推进过程中进行评估，以识别潜在的非 NAPL 材料、潜在的背景干扰或先前未识别的 NAPL 形式存在于现场的证据。

（5）必须监测前（推）进速率（通常约为2cm/s），以发现偏差，进而考虑相关的响应变化。速率不应超过该方法指定的速率。虽然比标准速率慢的推进速率会产生更高的数据密度，并且数据质量的风险最小，但这些较慢的速率会对工作进度产生负面影响。

3. 使用后的质量控制

每次按下LIF后，操作员应检查蓝宝石窗是否有雾、碎屑、裂缝或其他问题。可以收集土壤样品（或使用现有样品）以确认潜在的非NAPL或未识别的NAPL特征，并了解可能影响响应的岩性（如黏土与砂质材料的孔隙度效应）和天然土壤荧光干扰。

当数据表明需要时，有针对性地后续土壤采样可能是有用的。然而，样本结果可能并不总是与LIF结果有很好的相关性，所以多条证据线是必要的，包括岩性、其他土壤和地下水样本、视觉观察和实地测试。为了实现这一目标，LIF操作员可以将回收的材料放入LIF系统，无论是在现场还是通过将样品发送给供应商进行调查后的材料。

完成调查后，具有LIF数据解释经验的个人（如技术开发人员）必须协助在钻孔现场查看LIF数据，这一点至关重要。LIF波形包含丰富的信息，有经验的个人可以提供对燃料类型、风化、假阳性和未知NAPL存在的见解，并且是区分NAPL与矿物荧光的关键。如果项目团队中没有个人具备必要的经验，则应联系LIF供应商寻求帮助。

3.4.5 工具和数据的误用

与类似调查方法的结果一样，LIF结果不应在不了解CSM和其他证据线（如果有的话）的情况下进行解释。由于存在干扰和隔离NAPL（在细粒度材料中）的可能性，所以必须在可用信息和调查要求的背景下维持结果。例如，可以假设荧光强度和NAPL孔隙饱和度之间的单调关系，但不能保证。此外，应用不适当的荧光方法可能导致缺乏NAPL检测。

在数据转换或插值期间，可能会产生对LIF数据的误解。如果数据条件不是很好理解或使用错误的方法，则统计方法可能会错误地表示数据集。在LIF实现和数据解释过程中，会出现以下常见错误：

（1）未能让LIF供应商对NAPL样品进行测试（如果有的话），无法确定现场NAPL具有适当的明亮荧光响应，并选择最合适的LIF技术（最强烈和独特的波形）。

（2）未能通过将其他证据线与波形、聚类图和日志填充颜色进行比较来识别和消除误报。

（3）未能识别和考虑不同的NAPL具有固有的不同荧光强度（如将柴油强度值应用于汽油会导致低估汽油NAPL的影响）。

（4）对汽油站点施加过高的%RE阈值（使用5%、10%或20% RE作为NAPL的指示）（注意：只要波形支持，即使最小的响应也表示汽油NAPL）。

（5）未能认识到汽油的风化速度很快，其荧光覆盖了广泛的特征，最终消失为橙色填充和波形，很容易与石灰石填充和方解石混淆。

（6）未能理解检出限必须基于台架实验或现场的多种证据。

（7）未能在地下水位以下应用LIF，导致忽略了地下水位以下的大量滞留NAPL。

（8）未能为有限的针对性验证抽样制定预算，使所有利益相关者对如何正确解释数据产生疑问；应选择单个最高 LIF 值，而不是在某个最小深度范围内对 RE 求平均值。

（9）未能选择正确表示地下条件的深度范围（LIF 数据的平均范围）。

（10）未能评估不同 LIF 技术对每个钻孔站点的适用性，即使它们之间的响应可能相关。

（11）没有意识到极短寿命和红移现象（UVOST）可能表明存在未报告的极高 PAH 含量的 NAPL，如杂酚油或煤焦油。

（12）在项目结束后等待太久来审查和解释数据。

（13）需要额外的 LIF 日志和其他数据才能解释 LIF 日志所表达的意思。

3.5 圆锥贯入技术

3.5.1 工作原理

CPT 的原理是根据岩层、土层物理学性质不同，从而探头进入土层所产生的阻力也会不同，阻力能够有效地反映土体的强度。岩层、土层物理学性质与土层的力学性质有着较大的关系，当探头穿越硬质土层会受到较大的阻力，相应地，穿越软质土层，受到的阻力则较小。具体过程 CPT 的工作原理是将含有金属锥头的探杆按照一定的速率（一般为 2cm/s）匀速地贯入土体，通过安装在锥头中的传感器测得土体的试验数据（如锥尖阻力、孔隙水压力等）与深度的关系曲线。CPT 测试数据反映着土体复杂的岩土力学状态和岩土参数变异特征，学者们通过理论研究、设备开发和 CPT 数据解译技术，对土层分类、估算岩土参数、桩基承载力和地基承载力，评估场地液化，测定地下水位等，已经建立了大量可靠的理论、经验和公式（表 3-7）。

表 3-7 CPT 应用及岩土参数公式

内容		公式
强度指标	不排水抗剪强度（Su）	$Su = 0.0714q_c + 1.28$（$q_c = <0.7$MPa，滨海相软黏土） $Su = 0.05p_s + 1.6$（$p_s < 1.5$MPa）
	黏聚力（c）	$c = a \times f_s^{0.5} - b$
	压缩模量（Es）	$Es = 3.11p_s + 1.44$（东南沿海黏土） $Es = 3.72p_s + 1.26$（$0.3 < p_s < 5$MPa） （淤泥一般黏性土）
单桥探头与双桥探头之间关系		$q_c = 0.91p_s$（各类土层）
		$q_c = 0.815p_s + 0.05$（黏性土、砂性土）

注：q_c 为锥尖阻力；f_s 为侧摩阻力；p_s 为比贯入阻力；a、b 为系数，与土类有关，当 $16 < f_s < 80$kPa 时，$a = 12.14$，$b = 32.77$，当 $1 < f_s < 9$kPa 时，$a = 5.47$，$b = 3.18$

典型的 CPT 平台和系统如图 3-26 所示。注意探头上用于测量垂直方向的偏差的倾角仪，在设备运行过程中，偏差角度不应超过 2°（Robertson and Cabal，2008）。

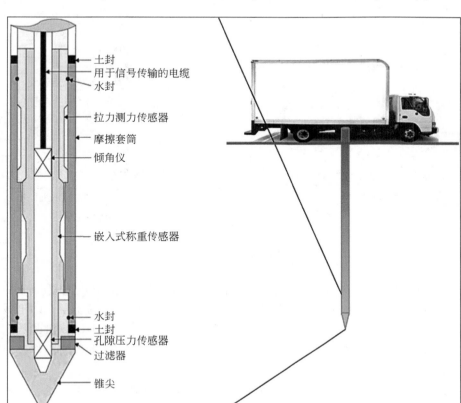

土封
用于信号传输的电缆
水封
拉力测力传感器
摩擦套筒
倾角仪

嵌入式称重传感器

水封
土封
孔隙压力传感器
过滤器

锥尖

图 3-26　典型 CPT 装置

　　CPT 测量锥尖阻力（q_c）和套筒摩擦力（也叫侧摩阻力，f_s），通常测量间隔为 1 ~ 5cm。锥尖阻力理论上与饱和黏性材料的不排水抗剪强度有关，并用嵌入式称重传感器测量。套筒摩擦力理论上与被穿透的水平地层的摩擦力有关，并使用嵌入套筒中的拉力测力传感器进行测量（USDA，2009）。通常，黏土具有较高的套筒摩擦力，而砂土具有较高的锥尖阻力。

　　根据各种土壤分类方案（Robertson et al.，1986；Robertson，1990），锥尖阻力和套筒摩擦力通常绘制为摩阻比（R_f），以帮助解释土壤类型（如砂、淤泥、黏土；图 3-27）。CPT 探头也可配备孔隙压力传感器（Lunne et al.，1997），以改进土壤分类数据。使用压锥贯入仪（CPTμ）进行的耗散试验也有助于估计测量点的近似水头、土壤渗透性和导水率（Robertson et al，2011）。典型的 CPT 测井解译如图 3-27 所示。

3.5.2　技术优缺点

　　CPT 与传统取样方法相比最为显著的优点是不破坏土层就可以分析土层内部的特性。因为传统取样会破坏土层的含水层，使土层应力发生变化。这样产生的数据就可能会出现

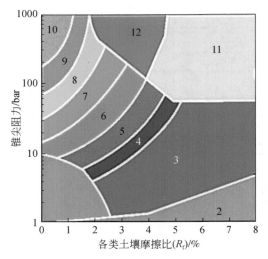

各类土壤序号		土壤行为类型(SBT)
1		敏感的、细颗粒土
2		有机质土壤
3		黏土
4		粉质黏土至黏土
5		黏土质淤泥至粉质黏土
6		砂质淤泥至黏土质淤泥
7		粉砂至砂质淤泥
8		砂至粉砂
9		砂
10		砾石砂至砂
11		非常坚硬的细粒土
12		砂至砂黏土

图 3-27　CPT 测井

数据失真，而 CPT 则不会破坏土层。传统取样方式不适用于松散沉积地层，而 CPT 则能够很好地运用到松散沉积地层，尤其体现在软黏性土、饱和砂土、粉土层。CPT 技术还具备着操作便捷性强、精确度高、能够连续操作等优点，这主要得益于计算机的数据处理功能，通过计算机进行数据处理，能够有效地保障数据的精确度、减少人的工作量，确保工作能够连续进行。

CPT 技术也存在着一定的局限性，因为 CPT 技术的基础是原位测试技术，这种技术限制了 CPT 技术无法直观观察土层。如果想要对土体全面地进行分析，仅依靠 CPT 技术是难以完成的，还需要钻探取样等技术配合。除此之外，如果 CPT 技术的测试土层深度大于 80m，便无法保证结果的精确度。而且虽然 CPT 技术对于松散沉积地层而言有着极强的适应性，但是对于密实砂层、碎石土层、砾石土层而言，适应性较差。此外，在拆除 CPT 钻杆后，可能会留下废弃钻孔。该钻孔应尽快密封，以减少交叉污染的可能性，可在移除钻杆时进行回填灌浆。

3.5.3　质量保证和质量控制

CPT 试验应按照 ASTM 2012a 的标准进行。CPT 传感装置应使用参考标准或通过经验丰富的技术人员进行适当校准。应在每次测深前后测量基线读数，以评估测量的稳定性和一致性，主要包括使用前、使用时、使用后的质量控制。

1. 使用前的质量保证

首先评估现场条件和目标，以确定 CPT 在现场的适用性。在使用前，应确定岩性、外界干扰因素和工作深度等。

2. 使用时的质量控制

应仔细观察进度，并在推进 CPT 工具时查看传感器实时反馈的数据。推进速率必须实时监控数据偏差，以考虑相关响应参数的变化，且推进速率不应超过相关规范要求。较慢的推进速率会产生更高的数据密度，数据质量会更高，但是现场工作效率会降低。

3. 使用后的质量控制

有针对性的将采样结果（当数据不具有典型性时）与现有记录结果进行比较可用于验证 CPT 输出。耗散试验结果和孔隙压力读数可能需要 CPT 供应商的软件进行详细解读。

3.5.4 CPT 增强技术

CPT 增加技术主要是声学技术、光学技术以及无线电波技术在 CPT 中的应用。

声学技术应用于静力触探，是一种新型的静力触探系统，是目前应用最为广泛的一种无缆静力触探解决方案，它不用电缆而将测试数据从探头发送到地面，通过一个微处理器将测量数据转换成音频信号，通过探杆传送到安装在地面的检波器。应用无缆静力触探系统，除了可避免因电缆而引起的风险，还可以在贯入过程中注入润滑剂减少摩擦力，这意味着即使在锥尖阻力相对很高的情况下也可以增加贯入深度。在起拔钻杆时还可以向孔中注入膨润土，密封孔口，以避免污染扩散。

光学技术与声学技术一样，也是解决静力触探试验的测试数据无电缆传输的方案之一。光学无缆静力触探技术，是通过连接到电子锥顶部的一个电子舱适配器来实现的。这个适配器就像常用的丝扣转换接头一样。它包含光学传输测试参数数据的全部电子元件，以及数据备份储存的非永久存储器，具有可视化实时传输等优点。

无线电波技术主要可以提升数据传输量以及测试分辨率。其主要原理是无线电波在空心探杆内进行传播，从而将探头测试数据传输到地面。与声学无缆静力触探技术相比，应用无线电波无缆静力触探技术，其数据传输量将提高三个数量级。

此外，增加相关探头工具也会使使用效果大大增强。典型探头作用如下所示：

（1）温度探头：识别冻土或放热型污染物。

（2）电阻率探头：评估岩性和化学性质。

（3）pH 探头：识别污染物 pH。

（4）氧化还原电位探头：评估正在进行生物修复的地层条件。

（5）放射性同位素检测：测量密度和水分含量或检测放射性污染物。

3.6 水力剖面技术

3.6.1 工作原理

水力剖面技术（hydraulic profiling tool，HPT）在近 10 年来已成为获取土壤和松散地层参数的基本工具之一。HPT 探头采用直推法驱动到地下，当探头进入地下时，从探头侧面的一个小筛孔将水流注入地层。探头内部压力传感器检测将水注入地层所需的压力，而位于地表的流量计将监测水流量，通过以上的水压以及流量，可以计算出地层渗透率指标。

HPT 工作示意图见图 3-28。HPT 探头和数据记录系统能够迅速提供简单直观的数据。HPT 数据可以用于计算水力传导率、电导率、静水压力数据，也可以用于探查电导率或透水性异常区域。随着探头被推入或以 2cm/s 的速度冲击入土壤，清水以恒流速（通常控制在 300mL/min 以内）从 HPT 探头的一侧筛孔被注入土壤。通过将记录的注入压力，与深度分别作为横纵坐标作图，可以表明地层的水力特征参数。换言之，较低的注入压力响应表明此深度的土壤具有较大的颗粒度，透水性较好；反之，较高的注入压力响应表明此深度的土壤颗粒较小，透水性较差。

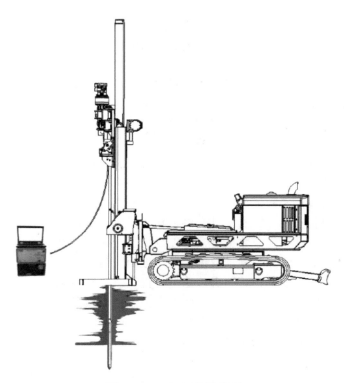

图 3-28　HPT 工作示意图

由于 HPT 压力反映的是类似土壤的透水能力（土壤颗粒起决定性作用），故 HPT 系统可以用于鉴定污染物在土壤中潜在的优势迁移路径。同样，HPT 系统也可用于鉴定修复药剂注入区域，或者依据不同区域注入难度提供注入量计算依据。

HPT 测试也可以用于为其他调查方法提供参考值，如土壤和地下水取样、水力梯度测试等。HPT 压力数据与 EC 数据可以用于测试地质与水力渗透系数的相互关系，可以减少土壤和地下水取样量，充分构建 CSM。若需要水力传导系数值，HPT 也可以帮助用户在指定区域内进行水力梯度测试。HPT 在进行钻探过程中如遇到不连续地层区域，可以进行静态水压数据收集，这些静态水压数据可以用于计算静态水位，或创建静态水压数据库。

HPT 具有 HPT-GWS、HPT-GWP 和 Waterloo APS 等典型模块，HPT 的采样系统将注入水流测量地层参数与地下水取样相结合。由于采集的地下水样品是使用传统的实验室技术进行检测分析的，因此这些工具不限于检测某种类型的污染物，检测范围相对较广。某些情况下（如金属分析）可能需要注入去离子水，以便在取样前清洗取样管线。一旦实验室对地下水样品进行评估，收集的数据集应包括地层渗透率和定量地下水分析数据。

HPT 的井下部件主要有（图 3-29）：

（1）配有注入筛孔和 EC 阵列的探头。

（2）压力传感器。

（3）由电线和水管组成的线缆。

（4）带有压力传感器、电线和水管的连接管与驱动头。

（5）探针杆（通常使用直径为 1.75in① 或 1.5in 的杆，随着探测深度的增加，会添加连续的针杆）。

图 3-29　HPT 的井下探头组件

该工具的井上部件主要包括：

（1）数据采集仪器，如果 HPT 与其他工具一起使用，利用 EC 并从其他仪器（如 MIP）采集数据。

（2）计算机，从数据采集仪器接收数据，显示记录并保存所有数据和操作参数；

（3）控制器，调节注入水流量，并测量 HPT 干线和探头的注入压力。

HPT 产生的注入压力测井数据是反映地层相对渗透率的指标；较高的注入压力对应较低的地层渗透率（淤泥和黏土），较低的注入压力对应较高的地层渗透率（砂和砾石）。HPT 通过在探头前进过程中不断注水来运行，从而实时记录地层某深度处的平均 HPT 测压和注水流量。HPT 仪器与测井曲线见图 3-30。

钻孔完成后，使用根据试验计算的绝对静水压力图，在每个深度间隔处校正 HPT 压力数据。修正后的 HPT 压力图可与 HPT 注入流量一起用于计算导水率（McCall，2010）。McCall（2010）提供了有关计算估计导水率的修正方程，即

$$修正 HPT 压力 = 平均 HPT 压力 - 绝对静水压力 \tag{3.1}$$

---

① 1in = 2.54cm。

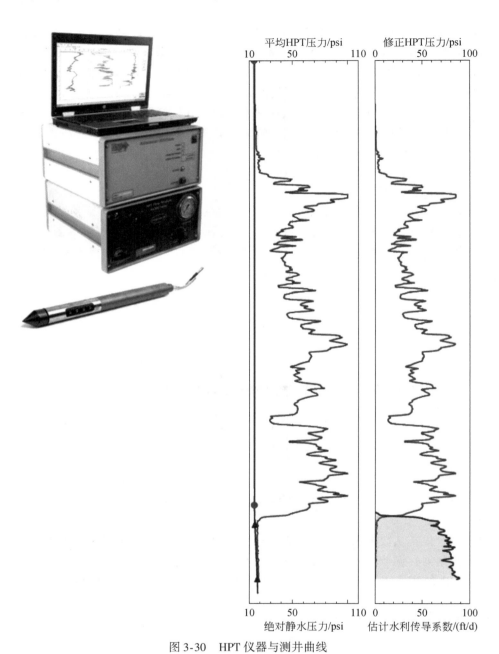

图 3-30　HPT 仪器与测井曲线

　　为了进行试验，操作人员需要确定地下水位深度，以暂停探头前进和暂停注水。在选定深度处，关闭水泵，使周围地层的压力消散，直到达到探头深度处的静水压头。通常，应在相对高渗透性区域完成压力耗散试验，以便在相对较短的时间内完全耗散环境地层压力。

3.6.2 主要模块

1. Waterloo APS 高级分析系统

Waterloo APS 是一种集成注入流测井和离散间隔地下水取样工具，使用直推杆将其打入松散土壤中。它目前是由 Cascade 技术服务公司操作的专有工具。滑铁卢大学广泛开发和测试该工具，并于 1994 年正式被相关专业人员使用。该仪器可以采集几乎所有类型的地下水样品。

Waterloo APS 的井下组件（图 3-31）如下。

（1）由带不锈钢屏蔽端口的驱动点组成的压型仪尖端。

（2）直推杆。

（3）最多三条不锈钢线穿过钻杆，并将钻头连接至地面：

a. KPRO 管线，以恒定速率（通常为 300mL/min）向地下注入水；

b. 取样管线，通过蠕动泵或气体驱动泵将地下水通过钻杆向上输送至地表；

c. 气体管线，输送氮气以控制井下泵。

（4）当地下水位低于蠕动泵的吸入极限时使用氮气容积泵进行工作。

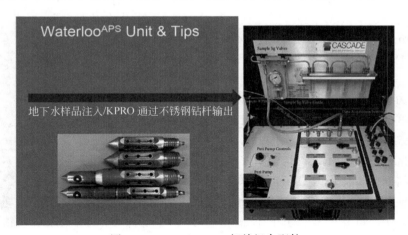

图 3-31　Waterloo APS 相关组合配件

井上部件包括：

（1）蠕动泵。

（2）用于测量 pH 值、温度、氧化还原电位（ORP）、电导率等的多参数探头。

（3）配有软件的笔记本电脑和传感器，用于测量和记录渗透系数等参数。

除了仪器实时记录相对地层渗透率外，仪器的注入流量测井组件的操作与 HPT 类似；在试验未完成的情况下，电导率数据的指数不会进行修正。通常，电导率数据指数由操作人员实时评估，并用于推断水文地质条件以确定样品取样深度。在渗透率相对较高的地层（如砂和砾石）中，注入压力较小；在相对低渗透率地层（如粉土和黏土）中，需要加大注入压力。相关操作人员根据实际情况决定是否完成测试（图 3-32）。

图 3-32　样品采集过程

2. HPT-GWS

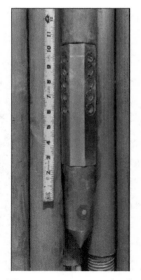

HPT-GWS 将 HPT 的注入流量测井与离散间隔地下水采样相结合，并以与 Waterloo APS 类似的方式运行。HPT-GWS 设计用于直径为 2.25in 的套管上，以便使用直接推进方法进入地下。工具组件通常在 HPT 组件的基础上增加一条 0.25in 外径的采样线。

与 HPT 一样，位于注入口上方的压力传感器测量将水注入地层所需的压力。该压力值数据由井口的仪器记录。将 EC 固定在探头末端（图 3-33），以提供整体地层 EC 的测井曲线，并以每隔 0.05ft（约 15mm）的测井深度记录 EC 和注入压力。根据测井数据选择相应区位进行采样；一旦 HPT-GWS 达到所需的取样深度，工具的进尺将暂停，操作人员可在取样前进行相应试验，根据含水层条件，使用蠕动泵或气囊泵进行地下水取样。采集样品后，操作员更新 HPT 测井记录，并将仪器推进到下一个深度继续采样。

图 3-33　HPT-GWS 探头

Waterloo APS 和 HPT-GWS 均由训练有素的操作人员操作，该操作人员通常是钻探公司的地质专业工作人员。因此，相关专业人员使用该工具设备无需特殊培训，但建议熟悉现场地质的专业人士监督操作，指导操作人员在何处取样。

3. HPT-GWP

HPT-GWP 是 HPT-GWS 的较小直径（1.75in）版本，与 HPT-GWS 相比，HPE-GWP 的探头上缺少 EC 偶极子和井下压力传感器。HPT-GWP 可以测量来自地表的泵注流量和压力（地面泵压力），其探头上布置有 20 个筛孔，用于以离散间隔采集地下水样品。与 HPT-GWS 相比，它是一种更简单、更坚固的设计，因为它只有两条水管。HPT-GWP 用于从设定间隔采集多个离散间隔的地下水样品。

3.6.3 技术局限性

在技术方面的限制主要有所测试地层的渗透特性、仪器取样头堵塞以及低温结冰问题等。

1）地层渗透率

HPT 系统能够在 0.1ft/d（3.5×10^{-5} cm/s）～75ft/d（2.7×10^{-2} cm/s）的渗透系数范围内解析土壤渗透性。

HPT 探头目前的压力传感器有效工作上限约为 80psi（550kpa）。

Waterloo APS 具有类似的上限，用于区分高渗透区内的相对地层渗透率。由于该上限，电导率测井指数可能无法区分最具渗透性的区域，如粗砂和砾石。

对于多数液压控制的地下水取样工具，样品采集受到地层渗透率的限制。与监测井不同，监测井有时可以在低补给条件下取样（如先进行洗井，然后采集样品），而本采样设备除非有足够的流量，否则无法采集地下水样品。此时，可考虑将设备推进到更深的位置，以便更好地采集样品。

2）取样头堵塞

在粉砂质岩性条件下，HPT 的筛孔可能被堵塞，妨碍样品采集。要清除堵塞，通常必须将探头从孔中取出，以清除堵塞物。此外，采样头在穿过具有一定黏度的 DNAPL 时也可能被堵塞。

3）冻结条件

该工具在低温条件下运行可能会遇到问题，因为注入流量测井组件依赖于从地表到地下的稳定水流，并且开采组件需要将地下水抽回地表。在低温条件下，管道可能冻结，而使用加热装置必须采取额外的安全保护措施，工作效率可能会降低。

3.6.4 质量保证与质量控制

必须建立并遵循 QA/QC 标准，以确保数据可靠。除了全面的操作人员培训（可在开始工作前进行）和考核外，还必须在培训活动之前、期间和之后明确并遵守规范的现场操作程序。在开始现场工作之前，必须审查制造商的标准作业流程（standard operating procedure，SOP）。

1）使用前的质量保证

在开始工作之前，操作人员应校准相应设备。根据工具的不同用途，每次测试之前需要进行校准测试。项目组人员应向现场操作人员询问工具的具体质量控制程序，并要求将测试和校准结果进行实时记录，填写在最终的数据报告中。

2）使用中的质量控制

一旦开始数据采集，操作人员必须在整个数据采集过程中密切关注设备状况。对于大多数液压和地下水探测工具，操作人员应关注推进速率、深度、EC 和注入压力，以确保设备在正常范围内响应。保持恒定的推进速率（通常约为2cm/s）会产生具有代表性的数据记录；速度越慢，记录越详细，但会影响工作进度；而速度过快可能会忽略某些细微的地层特征。根据所需的钻孔深度，停止钻孔以完成试验，每日的工作效率很不稳定。一般来说，使用专业工具，限制工作效率的因素是每天为实验室分析而收集的样品数量。

在开始工作之前，了解地下水位的大致深度有助于操作人员解译注入压力测井和生成的污染物筛选数据。使用该工具采集地下水样品（Waterloo APS 或 HPT-GWS），则必须估计地下水埋深，以确定可开始采样的深度。对于采样工具，可能需要进行一些试验与误差分析，以确定有效采集地下水样品的现场特定条件。仪器使用前要进行清洗以及仪器测量的校准工作。

3）采样后的质量控制

根据调查目标，在完成地下水调查后，可收集同一地点的地下水和土壤样品，以对收集的数据的准确性和精确度做出合理的表述。

如果风险表征或关闭的场地需要多组地下水数据，还可以选择若干长期监测井来进行补充数据。在这种情况下，通过利用已有长期监测井及其建井资料等可以显著降低监测井网的规模和成本，并可以对比校正相关数据。

3.6.5　数据解译和表达

地层渗透率的垂直变化与水平方向上的变化相互关联，应着重表示，以帮助读者直观地了解地质地层情况。HPT钻孔记录数据可以以电子表格形式表达，可接入建模程序实现可视化，如EVS（earth volumetric studio）、ArcGIS 或 LeapFrog，以便根据需要使用其他软件程序构建剖面图或三维可视化模型。

3.6.6　数据误差

由于使用HPT中采样模块进行地下水采样与传统地下水样品采集不同，其采集的样品可以源自筛选层段内的多个岩性带区段。这些区段污染物浓度会有差异，但其测试数据代表筛选范围内的加权平均浓度值，由此造成每一段筛选范围内数据的相对准确性不高。

3.7　电导率探测技术

EC是可以测量土壤、沉积物等材料传导电流的一种能力，单位为S/m。EC探头通常通过直推法来测量位于探头附近的地层，随着探头的推进，它会产生电导率和深度的连续记录。根据电导率的记录可以推断出地层构造，如黏土导电性就更好。但是由于EC可能受到多种因素的影响，EC探头多与HPT等其他工具结合使用，可以更好地确定研究对象的真实性质。

3.7.1　工具描述

　　EC 工具包括探头、串式电位计、现场仪器和笔记本电脑。EC 探头上通常按照温纳阵列（使用 4 个探头）或偶极子阵列（使用 2 个探头）来测量土体的表观电导率（图 3-34）；串式电位计是一种利用柔性电缆和特殊弹簧装置来测量探头位置和推进速率的传感器，可以用于在推进过程中测量钻孔中探头的深度；现场仪器可为探头提供电流，并检测井下电流和电位差值（图 3-35）；笔记本电脑可用于查看探头的推进速率、深度以及 EC。

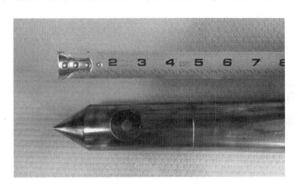

(a)　　　　　　　　　　　　　　　　　　(b)

图 3-34　带温纳阵列（a）和偶极子阵列（b）的 EC 探头

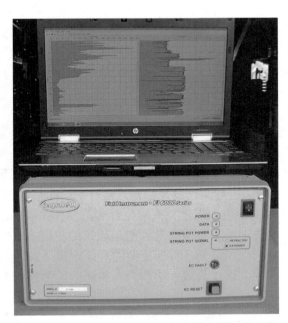

图 3-35　Geoprobe FI 6000 现场仪器和笔记本电脑

3.7.2 技术限制

在淡水地层中，EC 读数升高通常表明黏土含量增加，但是并非所有黏土都表现出高 EC。例如，钠、钙、氯化物或离子修复液和过硫酸钠等溶解离子的升高也会使 EC 读数变得更为复杂化，所以高浓度的溶解离子会完全压倒并掩盖由于岩性变化而导致的 EC 读数变化。

1）检测限

EC 日志记录分辨率可能受多个因素的影响。一是使用的阵列配置类型（Wenner 与偶极子）可能会对分辨率产生一些影响，偶极子配置可以提供更高的分辨率；二是使用 Wenner 配置，表明已经确定了薄至 2.5cm 的黏土层，因此黏土类型也可能是一个影响因素，具有高阳离子交换能力的黏土，如蒙脱石，会比高岭土黏土更具导电性，因此更容易分辨。另外，随着探头的推进，每 1.5cm 探头就会测量电导率，该仪器测量位于探头附近的土壤、沉积物、孔隙流体或其他材料的体积电导率，测量范围通常在 5～10cm 以内。

2）干扰

EC 探头可能会受到某些干扰，而这些干扰可能会阻碍或阻止其检测地层变化。高度矿化或其他导电孔隙水可能会改变 EC 探头检测岩性离散变化的能力，如被充满高盐度孔隙水的沙子或砾石包围的薄导电黏土层可能就无法分辨。如果在受干扰区域进行工作，且碎片与探头阵列直接接触，埋藏的碎片也可能会影响读数。由于传递到探头电流电极的交流电在低赫兹（Hz）范围内，所以现场仪器目的是有效地过滤掉由地下电气线路（60Hz 信号）引起的信号噪声。

3.7.3 数据采集设计

1）确定项目目标

EC 测量通常用于帮助识别可能有助于控制污染物迁移的地下地层特征。如果细粒度沉积物以不连续透镜的形式存在或作为横向连续的层存在，那么 EC 调查结合有限的土壤取芯将有助于改进 CSM。另外，场地地层非均质性程度的大小决定了所需测量的钻孔密度。许多情况下，可以使用网格化方法进行调查设计，尤其是对于已知信息较少的特定场地。此外，EC 调查也可用于更好地确定导电地下水羽流的位置或范围。在这种情况下，一些具有一定粒度、相对不导电的砂质或砾质沉积环境则可能是理想的，因为 EC 主要是孔隙水离子含量的函数。在这种情况下，以横断面下部羽流源的形式布置一系列钻孔可能是有利的。不管调查的目标是什么，使用其他工具或方法作为多条证据通常有利于支持调查结论。

2）确定验证要求

EC 探测日志不应从表面上获取。由于 EC 可能受到多种因素的影响，在 EC 钻孔附近至少采集一个沉积物岩芯，以确认测井解释，并与岩芯所在的地层进行对比。理想情况下，一个给定的钻孔站点有几个岩芯或钻孔日志可供使用；其他工具可以与 EC 结合使用，以协助 EC 日志解释。

3.7.4 质量控制

在每次钻孔日志之前和之后,都应该对 EC 探头进行诊断测试。EC 负载测试证实,对于三个单独的电导率值,实际测量的 EC 值在目标值的 10% 以内。如果 EC 探针通过了负载测试,那么该探针就可以进行日志记录了。如果 EC 探针未能通过负载测试,则必须运行一组单独的测试来排除问题。如果 EC 探针的功能符合设计要求,则只需进行负载前和负载后测试。

3.7.5 数据解释和表达

EC 测井数据的解释和表示非常简单。在许多情况下,升高的 EC 值表明存在颗粒粒度较细的沉积层(如粉砂或黏土)。其他工具可以与 EC 日志结合使用,以识别上述这种关系不成立的情况。图 3-36 显示了从阿肯色河冲积含水层获得的 EC 测井曲线。根据所提供的解释(通过目标取样验证),淡水地层中 EC 值的增加通常表明黏土含量的增加。但这并不总是正确的,因为黏土矿物和盐水的存在会影响 EC 测井的响应。从测井曲线图中可以识别出地下水位,净砂层地下水含量从干燥到饱和的位置,大约在地下水 9ft 处。在粒度较细的材料中,通常无法分辨出地下水位。当与 HPT 结合时,除非存在离子干扰,否则 HPT 压力与 EC 响应具有较好相关性(图 3-36)。EC 日志数据显示有多种模式可达,但最常选择的是并排显示单个 EC 日志模式。

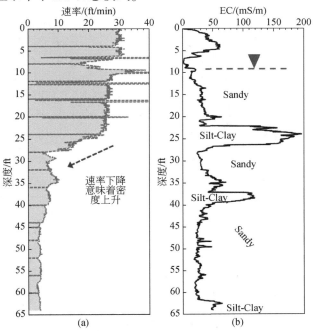

图 3-36 相关的探针进度日志(a)和 EC 日志(b)
Silt-Clay 表示粉砂质黏土;Sandy 表示砂土

　　EC 现场日志最初是在笔记本电脑上显示电导率与深度的关系。此外，还显示了一个单独的日志，指示探针进度率，主要用于现场使用，可能包含在最终报告中，也可能不包含在最终报告中。在测井过程中，应以大约 2cm/s 的速度推进 EC 探头，以确保探头与沉积物之间有充分的接触，并确保相邻钻孔之间的结果一致。由于 EC 探头通常与其他对推进率更敏感的传感器串联使用，因此每条测井曲线的推进率应确定为接近 2cm/s 的值。

　　如果孔隙水的离子含量被认定在某一特定地点大致相当，那么 EC 主要应该是粒度和黏土含量的函数，较高的 EC 值与较小的粒度和导电性更好的黏土有关。与粗粒沉积物相比，粉砂和黏土的渗透性较差，这就是为什么通常需要将 EC 测井曲线与从同一钻孔获得的水力剖面测井曲线绘制放在一起进行数据解译。使用这种方法时，低渗透黏土应该在 EC 和水力剖面测井中表现出类似的特征。反比关系（如高电导率和低压力）可能表明较高的电导率值反映了含有导电孔隙水的粗粒物质。图 3-37 给出了 EC 测井的一个例子，该测井主要显示大约 23ft 以上的砂和砾石，以及基于 23ft 以下 HPT 测井的突然上升，低于该深度的黏土层。请注意，EC 日志在人工黏土层上方达到峰值。这种效应是由位于黏土上方的渗透性更强的材料中存在过硫酸钠产生的。

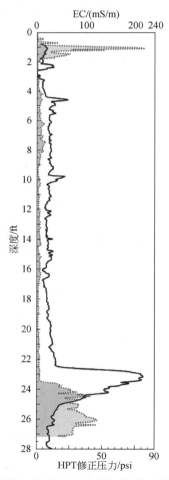

图 3-37　EC 测井（实心黑线）和 HPT 压力叠加测井（虚线紫色）经静水压力校正

在显示 EC 数据时，有几种不同的选择。通常情况下，EC 探针数据简单地表示为电导率与深度的对数，多条测井数据以截面格式显示。如果 HPT 与 EC 阵列配合使用，两组数据（EC 和修正后的压力曲线）都可以绘制在同一条或相邻的测井曲线上，以帮助解释数据。虽然不太常见，但可以使用适当的软件创建平面图、视图切片图甚至是 EC 的 3D 图像。无论呈现方式如何，EC 数据都不应孤立地呈现，而应提供某种形式的支持信息（如水力剖面、自然伽马测井）。

3.7.6 数据误用

若已知场地地层主要由粗粒度非导电土壤构成（如沿海平原环境），那么该场地中不适宜使用 EC 探头，除非调查目标是为了圈定高导电孔隙水区域（如盐水入侵区）。EC 探测器可能在需要更深入地了解水文地层关系的异质性的松散环境中最有用。它还可用于定义（高分辨率）酸性掩埋废物、地下水中的高浓度总溶解固体羽流以及导电性异常的填埋物。

3.8 柔性衬垫技术

在地下水井中安装柔性衬垫，可以用来测量钻孔内的水力传导率、地下水压力、水质和 NAPL 分布，也可以用于示踪测试和密封钻孔。在实际应用中，也可以用来监测垃圾填埋场、增强水平钻井、提供地下水压力历史记录，以及从新铺设管道和日志。地下柔性衬垫技术一般简称为 FLUTe™（flexible liner underground technologies），如图 3-38 所示为柔性衬垫及其插入钻孔的示例。它是一个提供地下水压力历史记录以及电缆管道和拉式测井的工具。

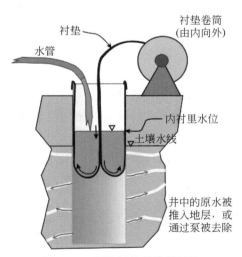

图 3-38　柔性衬垫的简单转换

柔性衬垫测量方法是非常简单的，并且得到了不透水织物的发展和数据记录压力传感器应用的帮助压力传感器的可用性。柔性衬垫安装在裸眼井中，因此通常用于基岩层中。另外，灵活的柔性衬垫有多种应用，这个具体取决于调查的数据需求。当柔性衬垫用于多种应用时，可以在几英寸到几英尺的钻孔空间中生成高分辨率数据集。本节将详细介绍与柔性衬垫技术相关的几种技术：柔性衬垫封井（FLUTeTM）、绘制透射率剖面（FLUTeTMT Profiler）、绘制 NAPL 分布（NAPL FLUTeTM）和绘制溶解相污染物 [FLUTeTM Activated Carbon Technique（FLUTeTM 活性炭技术，简称 FACT）]。

3.8.1 FLUTe™

FLUTe™可用于密封钻孔，其具有许多优点：易于安装和拆卸、连续密封质量高、衬垫的支撑可以保护井壁不受泥浆的影响、可通过透明衬垫进行示踪剂到达检测、地球物理测井可以从受保护的内部"看到"衬垫、无需重型设备安装衬垫以及同一衬垫可用于多种方法（NAPL FLUTe™、FACT）。

衬垫密封钻孔可以防止不同含水层之间的串流。基本的空白衬垫采用外翻式安装，通过将衬垫向右侧翻，将衬垫推进到井下。具体安装/拆卸过程如下：

（1）衬垫从卷筒中被拉出，并用夹具固定在钻孔套管上。

（2）衬套在套管内被压下，在衬套内形成一个环形口袋。

（3）将水倒进环形袋内，衬垫中水的重量导致衬垫向井下倾斜，将衬垫从卷筒中拉出（图 3-38）需要一定重量的才能将吸水衬垫驱动到地下水位。可以使用衬垫下方的泵从钻孔中抽水。

（4）衬垫的内流在地下水位停止，需要更多的水来恢复衬垫中多余的水头以继续排流。

（5）地下水位下方的衬里外流将水置换到地层中。

（6）通过外翻，衬垫继续下降，直到外翻衬垫下的地层透光率不足，无法继续下降；此时，增压尾管有效地封住钻孔。

（7）为了将衬垫倒置（取出），操作员通过系绳向上拉，将水吸入井中，直到衬垫完全取出。

注水后的柔性衬垫会紧密贴合在钻孔或井壁上，隔绝了井筒与地层中的孔隙和裂隙的联系，从而有效地封闭了钻孔。这种柔性封隔器的密封性能优于传统硬质材料的膨胀式封隔器。

柔性衬垫底端的多余水头会在柔性衬垫和连接到柔性衬垫内端的系绳上产生张力。这种张力具有多种用途：如可以利用该张力将某种测井工具拖入倾斜的或水平的钻孔中；或者将管道和其他设备带入钻孔。

水是安装衬套时常用的驱动流体，但也可以考虑使用其他流体（如泥浆或空气）。柔性衬垫可以较容易进入弯曲的管道，并从测井管道内的钻孔中向上移动。伽马、中子、声波和电信号可以穿透柔性衬垫进行测量，从而可以将测井工具放置在柔性衬垫内部加以保护，以防止钻孔塌陷和工具污染。

使用不透明柔性衬垫和透明柔性衬垫均可以获取钻孔图像。在柔性衬垫不透明的情况下，可以使用声学远摄式监视器来获得图像。图 3-39 显示有［3-39（a）］和无衬垫［3-39（b）］的声学远摄式监视器日志。通过图 3-39（b），可以看到内部套筒（深色条）和系绳（最右边的阴影），但柔性衬垫对钻孔壁的掩蔽作用很小，在这两张图中裂缝的位置均很清晰。当使用透明的柔性衬垫时，则可以考虑使用井下摄像机对地层的情况进行监视。

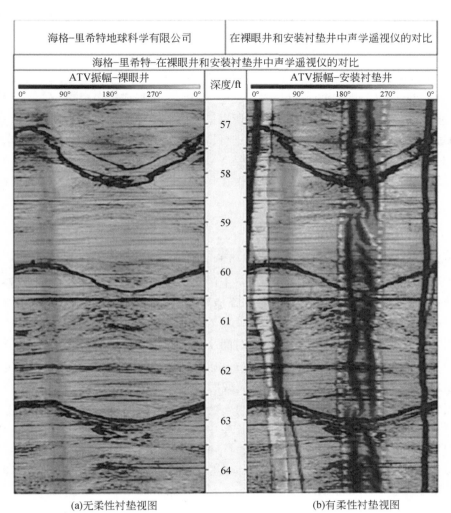

图 3-39   在同一钻孔中记录有柔性衬垫和无柔性衬垫的声学远摄式监视器日志

3.8.2   技术限制

但是使用柔性衬垫密封钻孔时也有许多限制，具体限制如下：

（1）如果柔性衬垫暴露在浓度极高的挥发性有机物中，挥发性有机物就会扩散到柔性衬垫内部水中。在移除时，必须将水作为污染物进行处理。

（2）一些化合物，如高锰酸钾可降解尼龙衬垫；但聚酯衬垫可适用于地下水中含有高锰酸钾的场所。

（3）必须保持柔性衬垫中的水位或水压，以保持柔性衬垫的密封性。

（4）对于较深的钻孔（钻孔深度大于 50ft），需要使用更坚固的柔性衬垫，以防止柔性衬垫破裂。

（5）虽然柔性衬垫可以被井壁上的尖锐岩石刺穿，但穿刺仅仅发生在不到 1% 的柔性衬垫装置中。

NAPL FLUTe™衬垫的局限性有：

（1）需要一个开放的稳定钻孔或通过钻头套管安装。

（2）溶解相是不可检测的，衬垫必须接触 NAPL 才能形成染色。

（3）因 NAPL 会沿着衬垫材料迁移，所以染色区域的范围并不代表 NAPL 的厚度。

（4）部分类型的 NAPL 无法通过染色进行识别。

（5）染色代表当前 NAPL 的位置，但是 NAPL 可能在钻孔过程中重新分布，因此会导致染色区域的扩大。分散的小斑点通常发生在具有分散型分布的 NAPL 来源的大钻孔中。

3.8.3　FLUTe™透射率分析仪

注水钻孔中的衬垫下降速度可以用来绘制与钻孔相交的裂缝的位置和水流速度。但是，该过程要求驱动衬垫的多余水头和衬垫上的张力保持相对恒定。在这种情况下，每当流动裂隙被下降的衬垫封住时，衬垫的下降速度都会下降。速度变化乘以钻孔的横截面积，是裂缝密封前水的流速。

使用 Thiem 方程计算衬垫在一个记录时间步长的穿越区间的透射率，即

$$\Delta T = \Delta Q / \Delta H_h \ln(r_a/r_h)/2\pi = (v_i - v_{i+1}) A \ln(r_a/r_h)/(2\pi(H_h - H_a))$$

式中，ΔQ 为速度变化量（v_i）乘以钻孔横截面（A）；ΔH_h 为离钻孔中心一段距离（r_a）的钻孔压力（H_h）与地层中环境压力（H_a）之差；r_h 为钻孔半径；r_a 由估计所得。

但是衬垫的下降是长期发生的，所以比率中的误差不是计算中的主要误差。空间间隔取决于记录的时间步长（通常为 0.5s）和衬垫的速度。换句话说，衬垫下降的速度越快，在一次步长的间隔时间就越长。例如，当以 1mi① 的间隔进行积分时，其结果与一系列 1ft 长跨式封隔器测试的结果相似。

3.8.4　NAPL 相的 FLUTe™衬垫

NAPL FLUTe™衬垫可以绘制出井壁与疏水衬垫之间的 NAPL 的分布。与 NAPL 接触后，衬垫材料中的染料将发生溶解，在疏水性白色衬垫的表面上产生深色污渍。如果 NAPL 与油性残留物混合成为废溶剂，则污渍颜色就会从紫色（所用染料的混合物）变为

---

① 1mi=1.609344km。

深棕色或近黑色。但是疏水性衬垫仅与纯 NAPL 反应，并不是溶解相污染。NAPL FLUTe™ 衬垫也具有以下优点：

（1）观察到的污渍是在钻孔内任何深度存在 NAPL 的可靠迹象。

（2）通过肉眼观察岩芯，污渍表明存在 NAPL。

（3）污渍易于观察和拍照。

（4）NAPL 的空间分辨率为 1～2in，并提供了 NAPL 存在的完整 2D 地图。

（5）NAPL FLUTe™ 衬垫是一种相对便宜的用于防止交叉污染的密封衬垫。

许多化合物已经与 NAPL FLUTe™ 衬垫进行了反应性测试，列表可以从 FLUTe™ 在线网站获得。同时为了确定其反应性，在使用 FLUTe™ 衬垫调查程序之前，应对目标 NAPL 进行 FLUTe™ 衬垫材料的确认染色测试。

在将 NAPL FLUTe™ 衬管安装到钻孔的过程中，会从衬管下方泵出一个钻孔体积的水，以减少向裂缝中注入水（注水可能会将钻孔附近的 NAPL 置换掉）。抽吸不应过度，以避免明显扰动 NAPL。重要的是要注意，在衬垫安装过程中被挤入裂缝中的水很可能在衬垫取出过程中被反抽出来。

衬垫安装至钻孔后，至少停留 1h 后方可取出。取出后的衬垫如图 3-40 所示，图中所示的染色条纹是衬垫的里衬。整个衬垫固定在一个盖子（衬垫盖）上，当衬垫取出后这个衬垫盖将被卷在内部，因此在图 3-40 中未能出现。在安装衬垫时，首先将衬垫盖固定在钻孔顶部，然后向衬垫上方注水使衬垫在钻孔中下降（图 3-38），这时衬垫的白色外衬将直接与钻孔壁接触。当钻孔壁的某个位置存在 NAPL 时，将与内衬的染色条纹接触反应并对白色外衬形成染色效应。取出衬垫的过程相当于将整个衬垫外翻，因此取出后看到的是具有染色条纹的里衬。观察测试结果时，需要将取出的衬垫再次外翻，使其白色外衬暴露在外面。然后通过记录白色外衬上出现污渍的位置来获取钻孔中 NAPL 出现的位置。当一

图 3-40　NAPL FLUTeTM 衬套

个钻孔的测试工作结束后，取下衬垫盖，更换衬管，密封当前钻孔后转移至下一个钻孔进行测试。如图 3-41 显示了一个盖子内表面的 TCE、煤焦油、二甲苯和汽油污渍。前三个污渍是在开放的裂缝岩石钻孔中获得的，这是该方法最常用的条件。NAPL 污渍是管中水中薄汽油膜的结果。

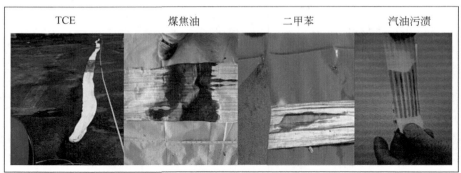

图 3-41　内表面的 NAPL 污渍示例图

除了部署在井下之外，NAPL FLUTe™ 覆盖材料还可用作袋子，以检测放置在袋子内的挤压芯材中的 NAPL。如果在移除套管时预计钻孔不会保持打开状态或仅要测试一小部分岩心，则使用此技术。与衬里类似，核心中的 NAPL 与袋子内表面上的染料接触会在袋子外部产生可见的污渍。

3.8.5　FLUTe™ 活性炭技术

上述 NAPL FLUTe™ 衬垫只能检测到与井壁接触的 NAPL，但 FACT 可以检测孔隙空间和井壁地层裂缝中的污染物。NAPL FLUTe™ 衬垫和 FACT 可以同时安装，从同一钻孔生成两组数据。事实上，当密封衬套向钻孔内倾斜时，一个活性炭毡条被压在钻孔壁上。FACT 条被留在钻孔中长达两周，在此期间炭吸附污染物的溶解相。

FACT 构造如图 3-42 所示。FACT 炭条（约 1.5in 宽，0.125in 厚）包含在外层 NAPL FLUTe™ 覆盖材料（虚线曲线）和一个扩散屏障（蓝色）之间，后者缝在薄（约 1mil①）覆盖材料的内侧表面。加压衬垫（红线）将扩散屏障（蓝线）、炭毡条（灰线）和 NAPL FLUTe™ 罩（虚线）压向井壁。

入井两周后，使用 NAPL FLUTe™ 罩将衬垫从井中倒出。衬垫从倒置的封面上滑落，如果存在 NAPL 污渍，则拍照。现在倒置的盖子外面的扩散屏障被切开，炭毡条被移除，切割到所需的长度，然后插入充满去离子水的样品瓶中。炭毡条样品被运送到实验室进行分析。炭毡基体的可接受性能应通过基质加标或实验室对照样品来证明，其中分析物加标到炭毡上。

数据的空间分辨率由每个炭毡条的长度决定，该长度由操作者自行决定。对于高分辨

---

① 　1mil $= 10^{-3}$ L。

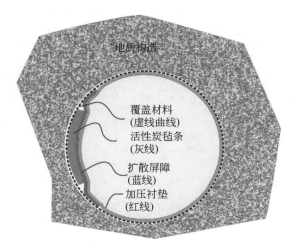

图 3-42　FACT 组件示意图

率数据集，炭毡条可以切成小块（6in）；对于分辨率较低的数据集，炭毡条带可以被切割成更大的（1～2in）大块。分析更大的 FACT 部分的成本更低，因为生成的样本更少，但数据集的分辨率更低。无论样本长度如何，必须分析整个炭带，因为污染物不会在炭中迁移；不分析整个长度的炭可能会导致一个区间的污染升高被错过。

图 3-43 右侧显示了使用 FACT 测量 150ft 钻孔 6ft 炭毡段的 TCE（以 ppm 为单位）。该图还显示了去除 FACT 炭带 300d（图中黑色条形）和 700d（图中蓝色三角形）后 10 个样本间隔获得的相应地下水浓度 [以 ppb（10^{-9}）为单位]。水样在相同的尺度上绘制，而不考虑单位，这表明分布相似性。通过与水样数据的对比，可以看出 FACT 测量结果的准确性，以及衬垫如何防止不同污染区域之间的钻孔交叉。水样主要来源于裂缝流，这说明

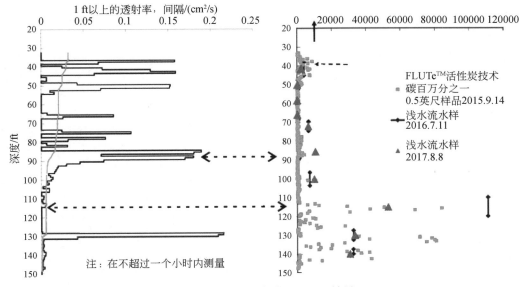

图 3-43　具有透射率的 FACT 结果

FACT 对裂缝流浓度也很敏感。由于 FACT 是一种基于扩散的测量方法，因此相对于吸附在基质孔隙空间中的水，流经 FACT 炭带的水的污染物浓度梯度预计是最高的。因此，扩散的质量直接依赖于浓度梯度。

　　FACT 的测量结果一般与岩心中的污染物浓度分布一致，但不一定与钻孔中的所有位置一致。事实来源于孔隙水和裂缝水，而岩心评估测量的是选定样品的孔隙水，而不是整个岩心或失去的岩心层段。

第 4 章 | 地球物理测井技术工具

地球物理测井技术工具是钻孔测量的一个方面，与钻孔取样、钻孔测试和钻孔监测等其他方面都有部分重叠。地球物理测井技术工具使用特殊的井下仪器，即所谓的测井探头，在连续或离散深度测量、记录和分析钻孔周围地质构造的物理性质，这个过程称为孔下或井下测井。测井探测器通常在钻孔内向下或向上移动时执行测量程序，从而提供作为深度函数记录的典型井下测井。测井探头可以通过专用的测井电缆或设备将其部署在孔中。实际使用时，通常使用几种不同的测井探测器来收集所需的地下地质和结构信息，以解释所需的参数。

钻孔测井是深井钻探中最重要的测量方法，在某些地区已在很大程度上取代了耗时和昂贵的取芯测试。钻孔测井是对岩芯和岩屑测量的补充，尤其是在有岩芯损失的区域有较大帮助（Zhao，2018）。钻孔测井可以产生关于地层的稳定性、岩性、裂隙度、孔隙度、渗透率、应力状态和流体含量以及其他特性的信息。地球物理测井技术工具提供具有高分辨率的地质、水文地质和地球化学数据，有助于构建可靠的地块概念模型（conceptual site model，CSM）。钻孔地球物理学最适合在第 3 章介绍的直接传感方法无法使用（如地层非常致密或钻孔比较深）的情况下应用。某些在石油领域内应用的地球物理测井技术工具，如核磁共振（nuclear magnetic resonance，NMR）、自然伽马、电磁感应等目前已经被引入场地环境调查中，作为直接传感类技术的替代或补充。地球物理测井技术工具可以提供直接传感工具无法获得的参数数据，如地层孔隙度、渗透率以及地下水水质等丰富的信息。这些信息对于更好地了解场地环境条件至关重要。同时，地球物理测井技术可以提供无偏移的连续和原位数据，其提供的信息量通常远大于传统钻孔取芯方法（USGS，2018）。

4.1 地球物理测井技术的选择及应用

地球物理测井技术可查看、收集、分析和解释地球物理数据的钻孔过程。钻孔提供了一种查看岩石、水和其他材料的方式，以及获取样本的物理方式。筹备一个地球物理测井的主要程序包括：确定项目的主要参数和目标、选择最合适的地球物理测井工具以及和地球物理学家进行充分的沟通交流。为了能够顺利进行地球物理测井的工作，需要了解的相关注意事项包括：首先，在选择地球物理测井勘探技术工具之前，应了解该工具可测量的参数以及获取数据所需要的条件。不同的工具在不同的环境条件中所获得的数据并不完全一致，最后做出的结论也会有所差异。这些工具包括：流体温度、流体电阻率、机械卡尺、光学和声学遥感测量仪、钻孔流量计 [热脉冲流量计（heat-pulse flow meter，HPFM）和流量叶轮] 以及完善的钻孔测井工具 [电阻率、核磁共振（NMR）、钻孔视频]）。其次，地球物理测井勘探方案制定与工具的选择应考虑以下几个方面：工程和数据质量的目

的性、所在区域的地质条件、钻探方法、预期的钻孔条件、记录以及所需成本等。表 4-1
是本章所列各种工具。

表 4-1　测井工具

记录测量工具	主要应用领域
流体温度	记录钻孔温度
流体电阻率（或电导率）	测量井眼中液体电阻
机械卡尺	测量钻孔直径
光学成像测井	形成钻孔内壁的光学图像
井下声波电视	形成钻孔内壁的声学图像
自然伽马	测量地层中发出的伽马辐射

4.1.1　工具可用性

在实际工程项目中，几乎所有包含钻孔监测井在内的地球物理调查，都涉及多种工具的应用，其中大多数都是常用工具。当计划使用特殊的地球物理测井技术工具（如磁化率等）时，需要与地球物理学家进行深入沟通，以确保工具的可操作性和适用性。在项目实施前，需要向地球物理学家提供关键的现场场地实际情况，如地质、地下水深度、钻孔条件、预估的测井进尺、现场进度和现场可达性。这将在一定程度上提高项目实施的准确性和工作效率。

4.1.2　数据采集设计

数据收集和报告作为地球物理测井工作的重要组成部分之一，通常由地球物理勘探承包商或具有职业资格的技术人员提供相关的数据资料，并对相关的数据资料进行处理和解释。数据处理包括为不同地球物理测井数据之间建立相匹配的深度或高程基准、校正井眼效应、将测井数据转换为合适的参数、将不同测井数据合并为可视化图形予以展示。为了数据的保密性，除非有明确相关的要求，否则地球物理勘探承包商对外不得提供相关的数据分析和解释。总之，在开展相关具体工作之前需要仔细规划，做出一个预期工作方案，以便相应地调整预算和应对突发情况。

为了有效地与地球物理学家就测井工具的选择进行沟通，并确保在满足项目目标的前提下尽量选择具有成本效益的方式进行高质量的数据收集，建议对每种工具的限制条件、数据处理方法以及数据分析方法有一个基本的了解。

现场人员进行的井下测井是主观的，可能会因人员的技能和经验而有所不同。井中地球物理测井曲线通常是由连续测量、客观和可重复的数据生成的，从这些数据中可以定性或定量地得出所需的参数。地球物理测井可以在岩性、水文地质参数、孔隙流体特征等方面提供大量的高分辨率数据。虽然这些测井曲线代表了地层在垂向上的详细解释，但它们必须与其他测井曲线进行比较，以便提供一种可能在整个场地进行推断的平面或水平方向的解释。为了避免在数据解释时出现多解性，可以考虑使用不同的工具测量多个参数，并使用多条证据以及可用于现场解释的其他调查数据验证测井结果的可靠性和准确性。

钻孔地球物理测井可以对比多个钻孔位置，以提供地层和构造信息。这种相关性可以在二维和三维图形中描绘整体地质框架（图4-1和图4-2）。地球物理测井技术工具可以识别和量化各种基岩结构特征，如地层接触和裂隙位置和方向，并可以构建井与井之间的关联性。在沉积物和沉积基岩的对比过程可以使用特征曲线匹配，并依赖于地层学原理和沉积过程等原理，如原始水平度和沃尔特定律。这些原理表明，岩相和岩相序列通常在垂直剖面上显示特征性的成分和结构变化，这些变化可在地球物理测井工作过程中观察到，并可在测井之间的距离上进行对比。一旦识别并对比了各种岩相或岩相序列，就可以评估相关层段（如流体输送通道）。

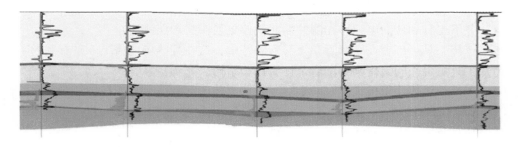

图4-1　使用二维表示的整体地质框架视图

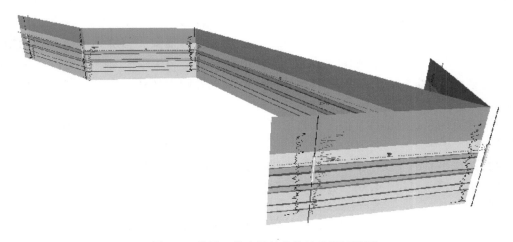

图4-2　使用三维表示的整体地质框架视图

无论是在沉积物还是基岩中，测井数据的间距决定了技术人员解析和关联关键特征的能力。通常，如果可以在局部水平上获得密集的地球物理测井，则将个别地层或构造特征相关联是可行的。但是对于地球物理测井代表相距数百英尺（$1\mathrm{in} = 0.3048\mathrm{m}$）或更大位置的项目，通常只能关联横向、连续的较大比例特征。数据采集计划的一个关键部分是理解解析和描述关键地质特征（取决于具体场地的地质条件）所需要的空间范围。

4.1.3 基本测井工具的技术优势和限制

以下要介绍的基本的地球物理测井技术工具突出了一套综合性的工具，旨在提高对基岩和裂隙岩石系统的特征描述。这些测井技术工具可供地球物理学家和测井人员使用。同时，这些工具可以在项目进行过程中动态调整，并且不会大幅增加经济成本。这些工具的主要技术优势包括：

（1）后处理数据为多数人提供了一种视觉上易理解的方式。

（2）以亚厘米（或更低）的精度简单、快速地获得高分辨率数据。

（3）使用这些工具可以补充，甚至可以取代基岩描述过程中对岩芯收集和目视鉴别记录的需要。

（4）井下工具和地面电缆可在测井期间快速更换探头和探测器。

（5）选择工具可部署在有套管和无套管的井中，这在某些场地情况下是有利的。

（6）工具组合共同支持确定基岩条件岩性和结构。

（7）工具的迭代使用提供了有助于解释其他测井的详细信息，如在伽马测井之前使用井径仪评估钻孔直径。

（8）在某些情况下，可通过包气带区域获取关键信息。

（9）其中部分工具的选择为确定进出井眼的流量提供了具有价值的初始数据，该数据与更详细的井眼流量计评估互相独立。

虽然本章所述的基本的地球物理测井技术工具具有上述诸多技术优势，但在规划钻井调查方案或解释测井曲线时应考虑其局限性，具体包括：

（1）选择的工具要求钻孔处于平衡状态，在测井之前需要先清除钻井液和残余地下水。此外，图像质量可能受到井内浑浊液体的影响。

（2）残留 NAPL 的存在可能会对敏感探针造成意外的损坏或带来污染物的其他潜在影响。

（3）井下的泵、电缆和其他潜在的基础设施都需要拆除，这样才能在钻孔中对工具进行升降。

（4）某些工具需要使用扶正器，这在井壁条件不规则的情况下较难实现。

（5）相对较差质量的井结构会导致后期生成图像以及所测数据质量的下降。

4.2 流 体 温 度

流体温度测井是利用井下探头连续记录井中流体的温度，其测量的对象是局部温度异常和地温梯度。在测井过程中，通过探头上热敏电阻器或铂金传感器可以直接测量地层温度的变化，从而估算与探头直接接触的地下水或其他流体的地温梯度。地温梯度是指地层温度随深度增加的增长率，其不受大气温度的影响，一般随埋深的增加而升高，该参数是用来表示地球内部温度不均匀分布程度的参数。流体温度测井最常用于充满流体的基岩钻孔，以推测与探头直接接触的地下水或其他流体的地温梯度。在某些情况下，流体温度测井可用于干井或缺乏流体的离散井带，以间接测量地层温度。在现场应用过程中，流体温度通常与流体电阻率（集成于同一探头上）同时记录。有关流体电阻率测井仪的说明，请参阅 4.3 节。在部署井中流量计以确定流入或流出井中的潜在流动带之前，连续的钻孔温度剖面信息也是可以利用的第一步（见 4.8 节）。

4.2.1　使用和应用

流体温度测井有助于量化地层温度的变化，并评估钻孔内地下水的流动情况（图 4-3）。使用井下绞车、滑轮系统和深度编码器等工具可确定垂直精度。为了在钻孔处于平衡状态时将流体扰动降至最低，在收集数据时应尽量减少工具的使用。

原始地层受到外界条件变化时，地层内部组成、结构、构造也会随之改变，因此，其对应的温度梯度会受到外界的影响而发生改变，这种影响因素在实际的生产井中主要分为流体和非流体。流体温度影响是指由于注入（或产出）流体温度与地层温度存在差异，引起地层温度梯度发生变化。非流体影响是指机械式的影响温度的升高或降低。流体温度的突然变化可能与从钻孔中进水或出水的离散程度相对应。将连续温度剖面绘制成一个轨迹或条带，连同其他常规测井仪器的结果和数据一起，使用多条证据线进行解释。

在表征过程中，对流体流动的区域进行估算，以细化需要更详细流量测量的离散垂直区域。此外，当井眼受到压力时，通过对流体温度的测量，从而有可能提高对含水层识别的准确性。

4.2.2　数据采集设计

流体温度测井是最早用于井下测井的仪器之一。由于流体温度测井一般在井孔内由上至下进行，因此在使用由下至上进行测井的仪器之前应先进行流体温度测井，以尽量减少对井内水柱的干扰。图 4-4 提供了流体温度（蓝线）、流体电阻率（红线）、自然伽马、井下声波电视（ATV，由超声波频率生成的钻孔图像）、声波卡尺（利用 ATV 走时参数生成基于井径的声学井眼测井曲线）以及用于表示平面特征构造方向的蝌蚪图的例子。

4.2.3　数据解释

流体温度测井曲线提供了钻孔的温度指标。井温曲线的应用可以用来提高测井资料的精度，常应用于资源勘探中，如可为油田开采和资料解释提供依据。温度资料在油气层开发动态监测中具有重要的作用，利用温度的变化可以分析油气层的开采程度、供液能力等重要信息，这些资料对制定油田开发方案、提高油气层采收率等都十分重要。在注水井中，其也有助于判断配水器是否进水，消除同位素污染影响进而确定含水层位置，包括识别大孔径和高渗透性而不漏的吸水层，还可以找漏及判断遇阻层位是否吸水。

地下水温度常常根据流动条件而变化，小规模的变化是评估井下影响的有用指标。温

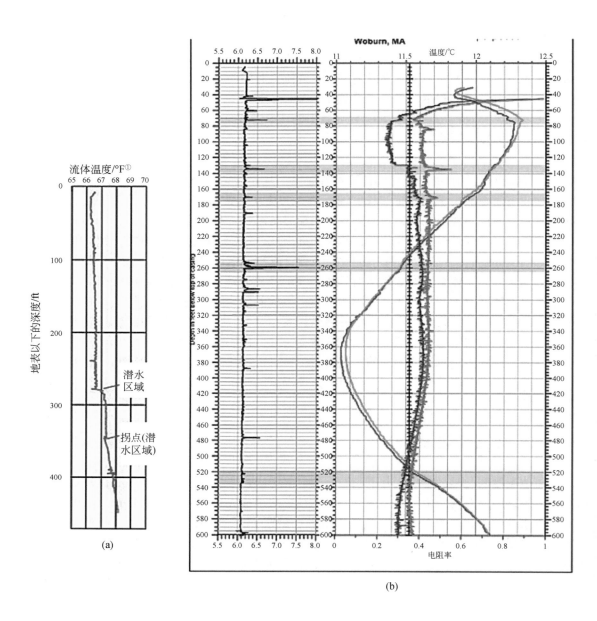

图 4-3　井下流体温度测井和复合测井实例

资料来源：Logging（2007）

（a）示例井下流体温度测井记录，标注显示突变剖面拐点和潜在的产水区；（b）展示在环境和压力条件下记录的
复合厚度、流体温度测井和流体电阻率测井，作为支持流入和流出钻孔的流量差异的额外证据

———————————

① 　1℉ = −17.222℃。

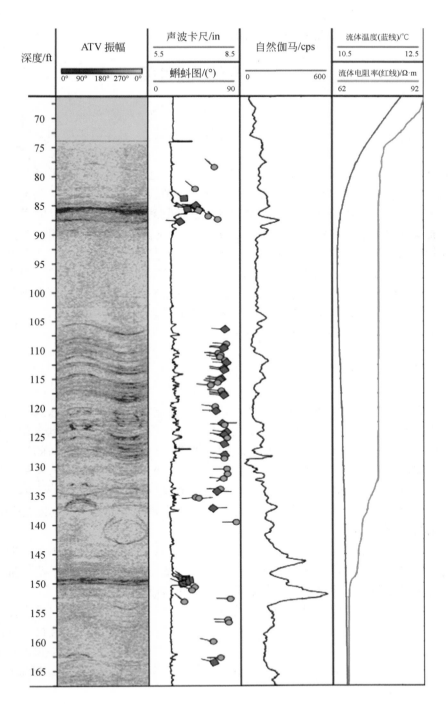

图 4-4　复合测井示例，流体温度（蓝线）和流体电阻率（红线）、自然伽马、ATV、声波卡尺和蝌蚪图

资料来源：Weston（2014）

度测井的亚毫米精度可用于确定流动发生的位置。如果其他测井和井壁图像中的类似偏差证实了这一点，可识别出裂隙平面及其内部特征。

4.3 流体电阻率

电阻率是用于识别地层中流体特性的主要参数。然而，地层的倾角、厚度和非均质性会导致电阻率曲线变形，从而导致对地层流体性质的误解。流体电阻率测井使用一个井下探头，通过一系列电极连续记录井中流体的电阻率来评价地层流体性质和判断异常地层压力。井下流体电阻率测井采用多电极进行实时测量，所述电极被配置成堆叠阵列，以最小化测井期间的干扰。通过解释生成的流体电阻率测井曲线，可以区分从井眼流入或流出的不同区域，然后通过流体温度、井径测量和其他地球物理测井的变化加以证实。

地层流体性质的变化在常规测井资料上直观表现为地层电阻率的间断或连续的变化，流体性质和空隙结构的变化会影响电阻率。流体电阻率与流体导电性成反比，并提供了以欧姆计（$\Omega \cdot m$）测量溶解固体浓度的变化记录。许多相关技术人员倾向于保留将测井结果表示为流体导电性的惯例，以便与仪器直接读数保持一致。技术人员会在地下水样品采集之前，测量比电导率，并将测井结果表示为流体电导率，这也是地下水调查工作中电阻率与其他直读多参数仪进行比较的首选方法。

4.3.1 使用和应用

电阻率表明地层导电性的变化，电流在地层中的流动主要受充满流体的孔隙空间以及孔隙相互连通性、体积、流体组成和温度之间的关系所控制。地层岩性也会随着矿物组合和热液蚀变发生地球化学变化，从而影响电阻率特性。这些地层特性之间的相互关系，以及使用常规和商业上可获得的工具进行流体电阻率测井的普遍便利性，为各种应用提供了电阻率测井支持，包括矿物勘探、油气评价和水文地质评估。同样，由于流体电阻率受地下水中溶解型固体含量的影响较大，流体电阻率测井也常用于评价沿海含水层的盐水和淡水相互作用关系。

流体电阻率测井是在充满流体的露天井眼中进行的。在进行流体电阻率测井之前，应对钻井液和钻井液添加剂进行冲洗，并给予时间进行平衡。还可以在井眼受到抽水压力时进行流体电阻率测井，以便确定测量仪器进入井眼的地层位置。

流体电阻率通常与温度同时记录，作为划分含水层和确定钻孔内主要垂直流动条件的附加证据。这个参数通常在测井过程的早期被记录下来，以便在井内水柱被其他测井仪器扰动之前对井眼内外的流动有一个相对的了解。也有研究表明，不同地层倾角对电阻率有着较大的影响，随着地层倾角的增加，垂直分量的电阻率逐渐变得明显，表现出电阻率随着地层倾角的增加而增加。

4.3.2 数据采集设计

流体电阻率测井与其他大多数井眼地球物理测井仪器相似，必须在充满流体的露天井眼中进行。流体电阻率测井测量受多种因素影响，包括温度、钻井液电阻率、井径、泥饼和钻井液侵入。为了使用流体电阻率测井进行定量分析，在测井过程中必须记录这些因素，并将其记录在钻井日志中，以便在评价数据时考虑到这些因素。

在充满流体的露天钻孔中进行流体电阻率测井时，必须在钻孔达到终端深度并被钻床稳定之后立即进行。为了尽量减少待机时间的成本，需要与地球物理服务提供商进行沟通和协调。流体电阻率测井应该在测井过程的早期与其他主要工具（井径和流体温度）一起进行，以获取井眼的静态和未受干扰的状态。

与其他地球物理测井仪器一样，单一地点的测井只能提供该地点附近的参数数据。通过记录多个位置，数据可以在更大的距离上进行关联，并提供二维（横截面）和三维概念模型。记录的井位密度应该基于地层结构和尝试通过调查解决的地质特征加以确定。

4.3.3　数据解释和表达

高孔隙度的饱和岩石或沉积物是良好的导体，电阻率低。含盐孔隙水会导致低电阻率。黏土是良好的导电体，黏土矿物含量高的岩石和沉积物也是良好的导体。黏土和页岩具有高孔隙率和高黏土矿物含量，因此具有高导电性。这些关系使得常规流体电阻率测井对黏土和页岩隔水层的研究非常有用。饱和页岩和黏土的电阻率小于$100\Omega \cdot m$；砂岩的电阻率约为$100 \sim 1000\Omega \cdot m$；碳酸盐和结晶岩的电阻率超过$1000\Omega \cdot m$。流体电阻率测井资料通常需要经过处理才能实时显示。图4-5中提供了一个测井示例，以及一组关键的地球物理测井参数。图中的虚线椭圆突出显示了在大约158ft的显著裂隙上方发生的流体电阻率偏差，且其与热脉冲流量计测井中的流量变化是同时发生的。

4.4　机械卡尺

机械式井径测井工具通常使用三臂或四臂装置提供钻孔直径的垂直剖面。在现场应用过程中，将卡尺放到钻孔底部（或最低所需测量深度），通过电脑控制打开卡尺臂，以稳定的速度向上拉，以便记录数据。弹簧臂伸向井壁边缘，并在电脑上实时记录每个弹簧臂的距离。根据每个弹簧臂的总间距合计，可以确定在深度基础上的平均钻孔直径。

4.4.1　使用和应用

机械卡尺能够有效地识别井壁中的空洞、裂缝和类似的孔洞，但是不能提供这些特征的方向或横向范围的信息。基于这个因素，机械卡尺通常用于识别发生扩大的垂直区域。这些区带定性地被解释为可能存在裂隙的层段；钻井过程中沿着井壁发生的地层改变和岩性、沉积空隙。无论是否配备配套的井下工具，机械卡尺都能有效地定位井套管底部、确认钻井套管直径和识别套管破裂。

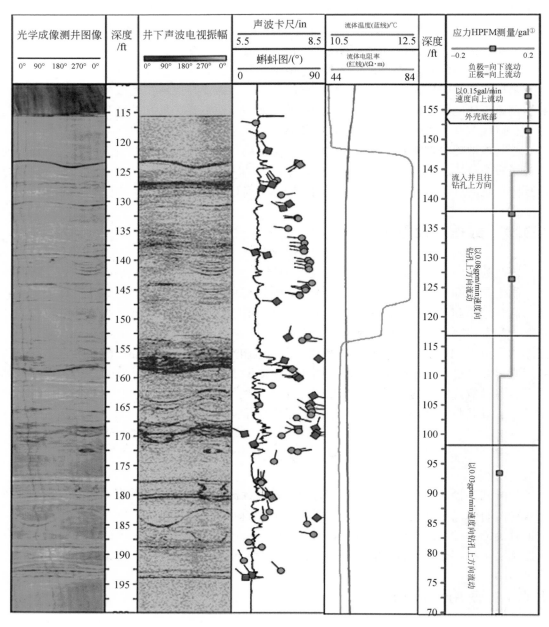

图 4-5　示例钻孔测井

包括光学成像测井/井下声波电视、推断结构特征（蝌蚪图）、流体温度（蓝线）、
流体电阻率（红线）和应力 HPFM 测量

1 gal = 3.785 43L。

4.4.2　数据采集设计

井径测井通常是最早使用的地球物理测井工具之一，因为它比视频、电子或声波测井工具耐用，成本低。井径测井是从井底向上到地面进行的。井径测井曲线通常与其他输出一起提供，以便于比较钻孔特征。该工具可独立使用，在井下勘探过程中可随时运行。

4.4.3　数据解释

井径测井通常包括一个相应的地质剖面，用来证明可能的井径对给定地层的反应。大多数资料解释是与其他标准井下仪器输出一起进行的，包括自然伽马、流体温度、流体电阻率和电测井。解释井径测井时，仅靠井径偏差可能无法指示流体流动。因此，需要与其他测井方式（尤其是流体温度或流体电阻率）进行对比，以确定流入或流出钻孔的流体流量。

4.5　光学造影

当工具沿着钻孔的路径垂直移动时，光学成像测井（optical televiewer，OTV）收集一系列紧密间隔的环形光学图像（图 4-6）。数据由工具内的方位传感器（磁强计和加速度计）采集，与 OTV 数据采集一致。采集和处理软件与这些方位传感器的数据一起使用，以生成精确定位的钻孔圆柱形图像（见 4.6.4 节）。光学图像扫描可作为模拟信号发送到测井电缆上，然后在地面上进行数字化，也可在井下数字化之后作为数字信号发送至地面。OTV 产生的是直观图像，如图 4-6 所示，故也有称其为图像日志或虚拟岩芯。岩性和结构，如裂隙、裂隙填充、叶面和垫层平面，可直接在 OTV 图像上查看。OTV 图像可以在充满空气或清水的钻孔内收集；未冲洗的钻井泥浆、化学沉淀、细菌生长和其他影响井水清晰度或在井壁上产生涂层的条件会影响 OTV 图像的质量。因为侧视 OTV 的焦距较低，而俯视摄像头的焦距较短，因此传统的鱼眼摄像头图像可能因浑水而图质较差。在空气钻孔中，将水位以上的井壁打湿可能有助于清除钻孔留下的灰尘。

4.5.1　使用和应用

OTV 图像具有方向性和连续性，因此它们在分析没有方向性且包含缺失层段的岩芯样本中非常有用，尤其是在具有关键意义的严重断裂层段中。OTV 工具可以在充满空气或水的露天钻孔中使用，以评估固结的地层，也可以部署在配有筛管和套管的井中，以评估井的总体状况。OTV 提供用于评估地层属性（如地层层理、对比岩性和地质接触）的摄影图像。断裂通常很容易识别，并且可以对涉及节理或断层以及冲刷带或岩溶带的区域做出合理解释。基于氧化染色的证据，OTV 测井曲线可以作为钻孔内地下水流量的指示器。如果钻孔已经受到 NAPL 的影响，相应异常的变化可在图像中反映出来，依据变化趋势和程

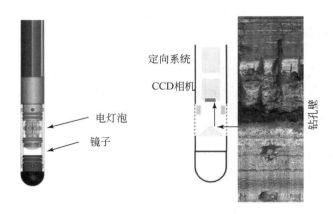

图 4-6　光学图像

CCD 相机即带有电荷耦合器件图像传感器的数码相机

度可以判断是否受到污染物影响，因此钻孔内的污渍或这些污染物的残留物也可能被观测出来。

4.5.2　数据采集设计

当钻孔内有水存在时，则 OTV 数据的质量受孔内水的浊度影响很大。因此，应对测井时间进行合理规划，以便让悬浮物有足够的时间沉降。同时需要考虑化学沉淀和生物生长可能会掩盖井壁的特征，其给后期数据分析带来的影响较大，也不利于对各种数据的成因解释。因此，二次开发是有必要的，这可以确保获取测量井最好质量的图像数据。

在首次取芯并随后扩孔的情况下，直径较小的取芯孔可能会提供更好的 OTV（或 ATV）图像。这取决于许多因素，包括岩性和钻井特征。在某些情况下（如取芯过程中钻井液运动可能侵蚀软岩），快速钻进的旋转气孔会产生更平滑的钻孔和更好的图像。在项目规划阶段应根据项目地点的特征，详细咨询地球物理测井和钻井承包商以确定技术适用性。

OTV 测井速度取决于所选择的垂直和水平分辨率以及电缆类型。早期 OTV 系统的典型测井速度为 1m/min，而最新的测井仪器可以在 2~5m/min 或更高的速度下运行（Williams and Johnson，2004）。采用井下数字化系统的测井速度要慢于井上数字化系统，但前者可使用更长的电缆和更广泛的电缆类型，包括单导体。这意味着井下数字化系统的探测深度要大于井上数字化系统（ALT，2015）。

颜色校准可以通过使用校准工具包实现，校准工具包由 OTV 探头的制造商提供。磁强计和加速计都已经过工厂校准。可以使用指南针和定向圆筒对磁强计进行磁场检查（Williams and Johnson，2004）。

4.5.3　数据解释

使用 OTV 可生成钻井井壁的连续和定向的 360°视图，从中可以定义岩性和结构平面特征的特征、关系和方向。钻孔偏差和直径变化等条件对基于 OTV（和 ATV 测井）生成的结构解释影响较大，ATV 和 OTV 图像（详见 4.6 节）提供了定性和定量信息的组合，可用于表征钻孔揭露的裂缝和岩性，还可以用于识别地下水和土壤是否存在污染，并且帮助收集和解释水力和水质数据以及其他地球物理测井相关参数，并为裂隙、地下水流动和污染物运移的概念模型提供解释。这对于地块调查和污染识别具有指导性意义。声学和光学成像的结合使用，可为供水开发和水源保护以及裂隙岩层污染的表征和修复提供关键信息。钻孔偏差、钻孔偏离垂直方向（以度数衡量）以及表现倾角和真倾角的概念见图 4-7。显然，探头在斜井中运行不能提供相对于水平方向的精确倾角。因此，在测井处理过程中，应该使用 OTV 和 ATV 探头中的定向传感器收集偏差测量值。

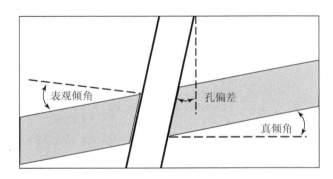

图 4-7　表观倾角和真实倾角的概念说明
需要对偏斜的钻孔进行校正

4.6　井下声波电视

国外早在 20 世纪初期就已经开始针对性的研究成像测井技术，并且在 1969 年已经制出了第一代超声波成像井下电视，这一技术在之后便被广泛地运用到大型油气开发以及地质勘探等工作当中。该项技术在 20 世纪 90 年代末才开始逐渐被运用到一些大型的基础工程当中。

井下声波电视（acoustic televiewer，ATV）在井轴上设置一个可绕井轴旋转的声学换能器，使之发射一束束的声波信号（也称声波脉冲），这样的声波信号可以穿透井内的钻井液（或石油），到达井壁后会形成反射，反射信号的强弱与井壁介质的软硬、光滑与否有关，还和入射声波与井壁介质表面所成的角度有关。例如，井壁是光滑的、坚硬的、表面与声波入射方向垂直的钢质套管，反射声波信号强；而井壁上有被泥质、石油或水充填的孔洞或裂缝，则反射声波信号变弱。经过井壁反射的声波信号再穿过井内的泥浆（或石油）回到声学换能器，这时的换能器被用来作为接收反射声波信号的器件，并将接收到的反射声波信号按其强弱变换为相应的电信号，再经过电缆传输到地面（图4-8）。地面的仪器设备会根据井下传输上来的电信号的强弱，将其变换为电视机荧屏上的明亮或黯淡的信号。这就是将声波信号转换为电视机上图像的过程。

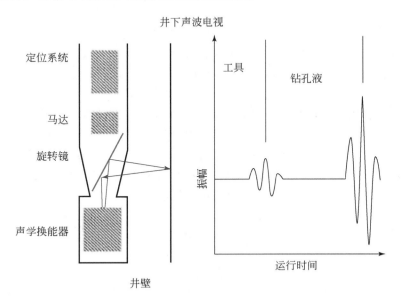

图 4-8　井下声波电视

　　井下声波电视测井时，井下的声学换能器在绕井轴旋转（每秒钟转 3~5 周）的同时，向井壁发射每秒钟约 3000 次的高频声波脉冲，换能器每旋转一周，向井壁约发射并接收到 500 个声波脉冲。换能器旋转一周时所产生的 500 个声波脉冲最后变成电视机荧屏上的一条迹线，即换能器旋转一周，荧屏上产生一条迹线（这个过程叫"同步"）。这样电视机的荧屏上，每秒钟就有 3~5 条迹线出现，这就是井壁的平面展开图，所看到的图像就是井壁表面的声学的直观图像。但这种图像反映的是井壁界面声学性质的差异，和光学成像的图形并不完全相同。

　　井下声波电视测井就是用声学成像的方法得出井壁的直观图像，在这种图像上，可以看到井壁上有没有孔洞、裂缝，以及井壁岩石性质的变化，甚至可以看到岩层的倾斜。对于每个反射脉冲，机器会记录其振幅和运行时间。振幅是返回脉冲中保留的能量的量度，低振幅表明软岩或裂隙岩石中有井壁能量损失，而高振幅意味着下方存在更坚硬、未破碎的岩石。反射运行时间与声波脉冲传播的距离成正比。在已知钻孔液体密度的地方，可以精确确定钻孔直径，并生成声波井径测井曲线。

　　当测井工具沿着钻孔垂直移动时，ATV 在每次圆周扫描中可以收集多达 360 对振幅和行程时间测量值。扫描的垂直间隔取决于井内测井工具移动的速度。采集软件可以调整测井速度，以达到最佳的水平和垂直分辨率。与 OTV 一样，数据由工具内置的方位传感器（磁强计和加速度计）收集。结合采集处理软件和方向传感器和换能器的数据，可以产生有精确定位的振幅和运行时间的圆柱图像（见4.6.4节）。

4.6.1　使用和应用

ATV 可应用于被液体充满的钻孔，其中液体（水或钻井泥浆）传输生成钻孔记录所需的声能。ATV 最常用于裸眼井，以评估合格的固结地层，并提供声波卡尺和虚拟岩芯测井记录。除了其他地球物理测井的基本元件外，探头上还安装了金属或塑料带式扶正器，以便沿着钻孔中心轴引导探头，并可保持一致的比例转动。在工具上使用扶正器也有助于提供关于地层平面和子平面走向和倾角特征的精确估计。通过适当的处理，ATV 还可用于评估钢质套管的厚度和腐蚀情况，以及评估在钻孔中安装集中式聚氯乙烯（PVC）套管时容易坍塌的不稳定固结地层。ATV 测井曲线也经常用于评估套管或井壁条件。

与 OTV 一致的是，ATV 提供了基于图像的井壁输出，用于解释地层、岩性和地质接触面的存在。地下裂隙以及岩溶环境中冲刷带的证据也可以基于不同位置钻孔之间的声学差异来表现。

4.6.2　数据采集设计

ATV 部署过程中的一个关键问题是项目对钻孔成像垂直和水平分辨率的要求，此分辨率在很大程度上取决于测井速度。早期 ATV 系统的测井速度大约为 1m/min（Williams and Johnson，2004），最新的测井仪器可以在 2～5m/min 或更高的速度下运行（ALT，2015）。在测井过程中，可使用采集软件来评价和调整测井速度。

在启动 ATV 测井之前，应考虑井中液体类型、液位以及钻孔条件等因素。一般来说，在充满水的钻孔中使用 ATV 效果会比在钻井中为泥浆更好，因此在测井之前最好先把钻孔冲洗干净。此外，向钻孔中加水可以测量静态水位以上的部分钻孔，特别是在低渗透性地层中完成的钻孔。

在 ATV 测井中，探头集中对获得高质量的图像数据和准确的结构定位尤为重要。ATV 图像上的分散性由垂直条纹传输时间和振幅图像表示，如图 4-9 所示。可调式扶正器应对机械卡尺测井曲线检查后部署。相对于钻孔推进时使用的工具直径而言，使用可调式扶正器可以更直接地表示实际钻孔直径。

在测井过程中，使用磁强计和加速计来提供仪器方位的数据。磁强计和加速计会在工厂出厂时进行校准，也可以使用指南针和定向圆筒对磁强计进行现场检查（Williams and Johnson，2004）。

需要注意的是，钢质套管的存在会干扰图像的方向。Williams 和 Johnson（2004）指出，在钢质套管底部下方的裂隙岩石含水层钻孔中成像非常重要，但由于磁力计受钢质套管的影响，钢质套管和钻孔之间的间隔和一些重叠部分的图像在磁力计开启的情况下会受到干扰，因此应关闭磁力计，然后重新运行系统获得图像并与之前的图像进行匹配并拼接。

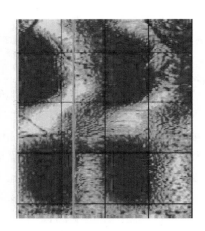

图 4-9　分散声波影像

4.6.3　数据处理

利用专业软件对 ATV 记录进行数据处理，以量化记录图像上识别的钻孔特征。测井分析人员识别的平面特征（如裂缝、沉积层理）的精确方位可以通过 ATV 记录确定并以多种形式显示。

为了便于结构分析（见 4.6.4 节），圆柱形图像通常以展开的格式显示，在北侧（真实或磁性）垂直切割，并从左向右滚动，通常带有表示 N（左）、E、S、W 和 N（右）的垂直线。在这种格式中，平面特征如与井壁相交的裂缝等遵循正弦曲线，如图 4-10 所示。

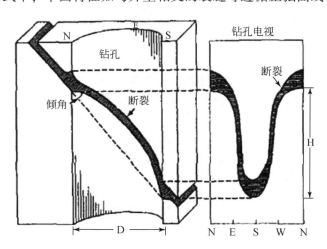

图 4-10　平面特征如与井壁相交的裂缝遵循正弦曲线
资料来源：USACE（1995）

ATV（和 OTV 测井）生成的构造解释对钻孔偏差和直径变化等情况非常敏感，前文图 4-7 总结了这些情况。如图 4-11 所示，其中平面特征与直径增大的钻孔的一部分相交，在正弦结构图上会产生相应更高振幅的特征轨迹。因此，如果不考虑钻孔的超标条件并进行校正，则在钻孔直径增大的洞穴或软岩层段中，倾角总是会被夸大。经验表明，即使孔径增大 1in，也可能导致倾角增大几度。校正需要参考钻孔直径的连续测井方法（机械或声学测井），因此，在使用 OTV 评估钻孔结构时，也应使用机械或声学测井或 ATV 测井。

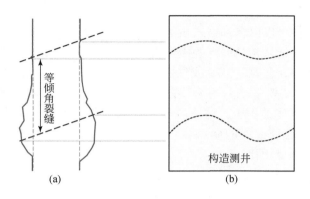

图 4-11　较大的冲刷间隔幅度会高估倾角（a）和对钻孔直径的修正（b）示意图

虽然校正数据有些费时，但在记录处理过程中进行这些更正是必要的，其可以提供准确和可比较的结果。虽然所提供的增量精度可能看起来微不足道，但在地球物理测井数据分析中却尤为重要。如图 4-12 所示的下倾井选址示例，倾角误差即使仅有 1° 也可能导致一个 3m 长的监测井筛没有安装到预期的监测位置。由于垂直放置误差大于 1.5m，原本应该位于屏幕中部的裂缝在下倾位置处将完全漏掉。因此，应要求地球物理测井服务供应商说明为确保数据质量所采取的质控措施。

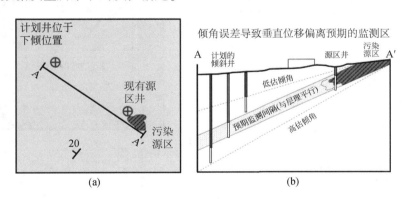

图 4-12　下倾井位示例（a）和沿倾角的平面特征方向及其对监测精度的影响（b）

4.6.4　OTV 和 ATV 的虚拟岩芯构建

如前所述，OTV 和 ATV 探头包括定向传感器（磁强计和加速计），通过探头将井壁图像转换成 360° 的全息图像，该图像称为虚拟岩芯。这种表示格式可以在测井解释过程中提供有用的综合和简化图像。同样，用于开发虚拟岩芯的数据处理软件的进步也使得这些测井曲线可以与其他工具的测井曲线结合使用。本节概述了将钻孔图像转换为二维投影的技术复杂性以及展示了构造信息的关键细节。

1. 未解释的数据

使用数据处理软件可以以多种格式显示未解释的图像测井数据，每种格式都表示为测井曲线上的一列。这些记录包括展开的虚拟岩心记录和板芯记录。展开的格式（图4-13）显示了钻孔图像，图像在北侧（真实或磁性）被垂直切割，并从左向右滚动，通常用垂直线表示 N（左）、E、S、W 和 N（右）。在这种格式中，平面特征与井壁相交的裂缝等遵循正弦曲线。在数据解释过程中，这些轨迹允许测井分析人员确定平面特征的产状（方向）。对于平面特征，正弦曲线的低点对应于倾角的罗盘方向（方位角），而振幅（峰谷距离）则与倾角的大小成正比。

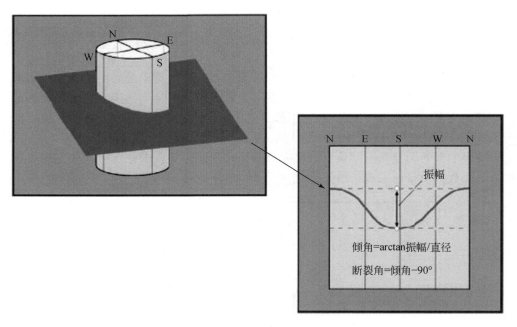

图4-13　展开的格式显示钻孔图像

在北侧垂直切割，从左向右滚动，通常有垂直线表示 N（左）、E、S、W 和 N（右）

资料来源：Weston（2014）

OTV 或 ATV 的虚拟岩芯格式可以让测井人员从外部看到钻孔的伪三维视图。在数据处理软件中，可以从各个方向旋转查看岩芯图像。板岩芯格式描绘了观察侧钻孔的特征，因为它们会投影到一个平面上，模拟了松弛岩芯或露头视图的外观。与虚拟岩心格式一样，板岩心通常显示在基于主导结构或任意对齐（如朝向北方）的报告中。

2. 结构测井的解释

测井分析人员可以使用图像测井输出结果和处理软件解释测井数据，如描述每个井已识别的平面特征的产状（走向和倾角，或倾角方位角）。通常，测井分析人员使用图像测井探测器（以及下面讨论的其他探测器）、处理软件和重要的专业判断来描述井的每个平面特征产状。结构记录通常以彩色正弦曲线的图形呈现在不滚动的 OTV 或 ATV 记录日志上，同时一般还附有蝌蚪图和笔记。蝌蚪图表示平面特征倾角的方位角和幅度，如下所示：倾角方位角为蝌蚪尾部指向的罗盘方向，倾角大小根据蝌蚪的位置从左到右表示0° ~ 90°倾角。笔记则用于描述井的关键特征，包括平面特征的产状（方向），如沉积层理和裂隙的解释。图 4-14 是结构测井记录的一个示例（包括 OTV 和 ATV）。

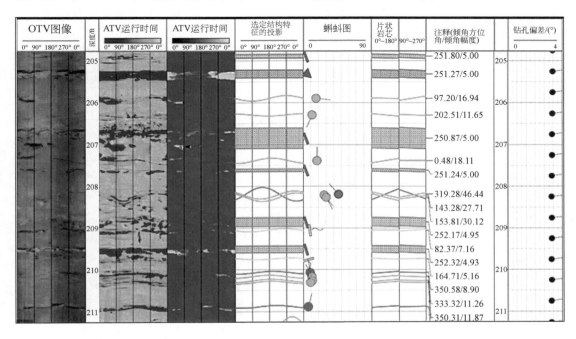

图 4-14　结构测井记录示例（包括 OTV 和 ATV）

　　这些解释记录包含了记录分析人员做出的重要判断，通常需考虑来自多个记录工具的数据。例如，如果同时使用 OTV 和 ATV，则在测井记录时会同时考虑这两种情况。如果测井分析人员在对构造特征分类时参考了一个特征向井中的出水视容量作为依据，则可以解释为测井存在出水裂缝或间隔。分析人员的测井解释不仅要考虑用于建立构造测井的工具，而且还要考虑那些指示潜在流体运动的工具（流体温度、流体电阻率和热脉冲流量计）。

　　利用倾角方位角、倾角幅度约定描述平面特征方位。倾角方位角是指向最大倾角方向的罗盘方向（从正北测量）。倾角幅度是指平面特征中指向下方倾斜方向直线与水平方向的角度。例如，名称316，12 指的是一个平面特征，其最大倾角为水平方向12°，指向方位316°（在西北罗盘象限）。绘制正弦曲线和蝌蚪颜色的选择对应于记录分析人员应用的特征分类。

　　还可以在结构测井的柱状图或单独的页面上，使用相同的特征分类配色方案，以便显示用于解释平面特征的下半球、等面积（或施密特）立体地形图的倾角方位角图。当在绘制构造测井图时，立体地形图可以显示出在单个深度区间内（可能对应于岩性单元）出现的总体平面特征。在图 4-15 中，提供了四个独立的立体地形图，显示了所有被解释为层理、带状或叶理的倾角方位（左列）、所有已确定的裂隙（中列，顶部）、推断的层理–平行裂隙（在这种情况下，根据区域地质测绘中心柱、底部方位裂缝，推断层理–平行裂缝的方位在±25°的层理方位内和±3.5°的预期层理倾角内）；玫瑰图显示了所有从 ATV 测井解释的倾角测井曲线（右列）。

地质学家设计了一些绘图惯例，以图形方式描述基岩构造数据，以便对这些数据进行统计评估。大多数提供地球物理探测服务的供应商较常使用的两种类型为罗盘玫瑰图和立体网图。罗盘玫瑰图（如图 4-15 右列所示）显示了 360°圆形罗盘上一个平面特征的走向。落在指定方位弧内的测量平面数（通常为每 10°）由包含方位弧的彩色饼状射线的长度表示。罗盘玫瑰图不指定平面倾角，因此是二维图形。对于水平或近水平的地物，显示值可能会降低。

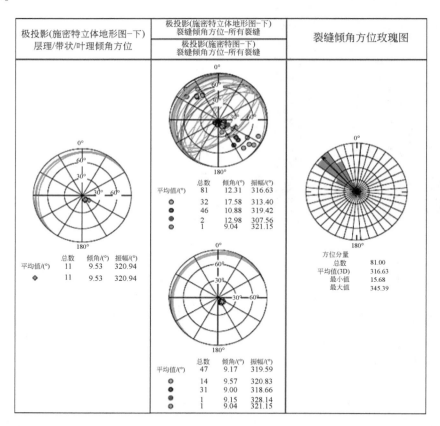

图 4-15　通常用于表示整个钻孔条件的立体地形图示例

三维平面特征表示在立体地形图上，其中将平面一分为二的直线显示为投射到下半球的单个点（或杆）。下半球由罗盘和倾斜角构成，倾斜角由经纬线表示。等面积立体地形构造包含由所有可能的平面取向表示的每个角场的等面积投影。这种结构允许采用统计分析的方法，通过在给定的立体地形单元中的极点密度来确定平面方向。因此，一个急剧倾斜的平面被表示为圆形立体地形图周边的一个点，并且平面走向与圆点的罗盘方向垂直。相反，平坦的平面是在立体地形投影的中心（或南极）附近的地图。

还应当指出，大多数提供地球物理探测服务的供应商所报告的 OTV 和 ATV 测井的平面方向是倾角方位角和倾角格式。倾角方位角垂直于平面走向，如需显示平面的方向需要进行数据转换，以将平面方向表示为地质图上通常使用的标准走向和倾角符号。

3. 虚拟岩芯解释的主要考虑因素

当技术人员缺乏经验时，可能会误用 OTV 和 ATV 记录中图像而导致错误。常见的问题包括：

（1）假设钻孔图像中显示的裂隙开度与未受干扰地层中的裂隙开度相同（钻井过程中的损害往往使钻孔处的裂隙扩大）；

（2）假设所有薄的平面特征都是裂隙（与其他测井曲线相比可能显示它们需要填充）；

（3）假设所有明显的开放性裂隙都具有水力传导性（与流体或热脉冲流量计测井结果比较可能不一致）；

（4）未采用质量控制措施（如不对垂直偏差或钻孔直径进行校正），导致测井数据出现误差。

在将原始磁北数据调整到真北数据显示测井曲线时，测井分析人员必须小心以确保调整的方向是正确的。应用正确的磁偏角大小但方向错误（引入的倾角方位误差等于磁偏角的两倍）是一个容易出错的问题。因此，需要根据其他已知的现场研究或区域研究的数据检查倾向方位角数据。

其他考虑因素与如何在整个现场评估中使用图像记录（和其他记录）数据有关。第一个考虑因素是地球物理测井资料利用不足。有时，多参数测井项目需在一个地点的多个井中进行，但所得数据可能仅用于单一的目的（如支持封隔器测试或井网放置）。不过通过将各井之间的测井结果相关联，可以提供更多的有用信息，因此有可能造成数据利用不足。第二个要考虑的是场地的规模和实际存在的问题。在单一位置收集的结构数据可能适用于评价一个小场地［如地下储存罐（UST）场地的小型 BTEX 羽流］。如果在大型场地内调查比较复杂的条件（如在 DNAPL 场地的 VOCs 羽流），可能需要采用多井测井对比和三点结构评估以对全场进行评价。在这种情况下，一个单一的钻孔的构造测井可能不足以确定含水层的特征。

在分析来自不同来源或方法的数据时，应总体考虑数据的来源。一个典型的露出地面的岩层研究，可能使得在一个中等大小的区域内对平面特征测量只进行十几次或更少的次数，而单个钻孔可以从一个位置平面图上的单个点生成超过 50 个的数据点。相反，垂直钻孔与垂直和陡倾裂隙相交的可能性较小，而这些裂隙在露头中很容易观察到。将这些数据类型混合在一起的结果可能会产生与钻孔数据不一致的情况，从而使现场测量结果难以解释。此外，在一个钻孔中，钻孔的垂直变化（如地层变化、断层）可能导致单个钻孔中有不同的数据分类。在这两种情况下，不同的数据集应分别进行分析，以评估结果，并确定数据的异同点。关于数据分析的这些决定可能有些主观，还需要结合区域、现场地质和数据获取方法等方面的相关专业知识。

4.7　自然伽马测井

自然界中天然存在约 90 种元素及它们的 330 种同位素，其中原子量小于 209 的稳定核素约有 60 种。岩石的自然放射性是由岩石中含有的放射性核素的种类以及多少决定的。岩石中的自然放射性元素主要是铀（238U）、钍（232Th）及其衰变产物和钾（K）的同位素（钾–40）。岩石中的自然放射性取决于 U、Th、K 的含量。放射性元素在未受到任何外来激发情况下，有发射放射性射线的性质。这些元素在其衰变过程中往往释放大量 α 粒子、β 粒子以及发射伽马（γ）射线。粒子穿透性差，不易被探测，但 γ 射线具有极强的贯穿能力，较易被仪器探测。

不同岩石放射元素的种类和含量是不同的，按成因可以把岩石分为沉积岩、火山岩、变质岩。一般火山岩（岩浆岩）放射性较高，沉积岩放射性较弱。火山岩的放射性核素含量最高，变质岩次之，沉积岩最少。沉积岩种类和与放射性浓度关系见表 4-2。

表 4-2　沉积岩种类与放射性浓度关系

放射性	沉积岩种类
低	石膏、硬石膏、岩盐
较低	砂岩、白云岩、纯石灰岩
中等	砂岩、砂层、碳酸盐岩（含少量泥质）
高	铀钒矿的灰岩、钾盐、火山灰、独居石砂岩、钾钒矿砂岩、黏土岩（黑色沥青质黏土、红色黏土）

钾、钍这两种物质的沉积主要跟岩石的吸附作用（颗粒越细，吸附的放射性物质越多）有关，而铀的沉积与氧化环境、还原环境及有机质的富集密切相关。沉积岩中又以泥岩（黏土）的放射性较强，砂岩、石灰岩、白云岩的放射性较弱，且随泥质含量的增加，放射性增强。因此，利用自然伽马测井有可能区分岩性，特别是可从剖面中识别非泥质地层，并估计储集层的泥质含量。

自然伽马射线穿过钻井液和仪器外壳进入探测器，经过闪烁计数器，将伽马射线转化为电脉冲信号，经放大器把电脉冲信号放大后由电缆送到地面仪器。地面仪器把每分钟电脉冲信号数转变成与其成正比例的电位差进行记录，井下仪器沿井身移动，将连续记录的出井剖面上的自然伽马强度曲线，称为自然伽马测井（natural gamma ray logging，GR）。地球有较多物质是属于会自然发射伽马射线的发射器。钾–40、铀和钍在较小程度上往往更集中在黏土和细粒物质中。干净的硅砂通常只含有少量的伽马射线。影响土壤和岩石材料放射性的因素很多，在解释自然伽马测井曲线时需要考虑这些因素。含有大量钾长石的砂由于含钾量高，会发出较高的伽马射线。在解释测井曲线时，还必须考虑某些地区和环境中铀沉积的可能性。

4.7.1 使用和应用

自然伽马测井最常用于岩性描述和地层对比。自然伽马测井的优点在于：

（1）一般与孔隙流体无关。储层含油、含水或含气对曲线影响不大，同一储层由于含流体性质不同自然电位和电阻率差别很大。含水时自然电位异常幅度大，电阻率低；含油气时自然电位异常幅度小，电阻率高。在套管井也可以用自然伽马测井进行地层对比。

（2）很容易识别风化壳、薄的页岩等，曲线特征明显。

（3）在膏盐剖面及盐水钻井液条件下，自然电位和电阻率曲线变化较小，显示出自然伽马曲线进行地层对比的优越性。

（4）砂泥岩剖面，低 GR 的为砂岩储集层，在厚层状态下可以用半幅点分层；碳酸盐岩剖面，低 GR 说明是含泥质少的纯岩石，结合高孔隙度、低电阻率可划分出储集层。

自然伽马测井成果客观并且可重复，从垂向剖面上看，可以通过特征曲线拟合和对比井间数据来获取地层信息。如果黏土矿物在伽马反应中占很大比例，自然伽马测井可以用黏土体积除以岩石总体积来估算黏土的存在比例。

在火山岩和变质岩中，伽马反应一般取决于岩石中的矿物，但含水裂隙由于铀或其他放射性矿物沿裂缝壁沉淀会表现出高伽马反应。在某些情况下，自然伽马测井可以作为含水裂缝的良好指示器。

测井过程中考虑的关键因素是测井速度和从源到探测器的距离。根据背景条件，可以优化测井速度，以观察含黏土和清洁砂土之间的变化。较慢的测井速度可获得更高的数据分辨率，并识别岩性的较小变化；较高的测井速度会增加数据采集的进尺率，可能足以确定厚度较大的地质透镜特征。一致的钻孔直径是减少探测器和土壤基质之间距离引起的变异性的最佳选择。在裸眼井中测井时，自然伽马测井应始终与井径测井仪联用。随附的井径测井可用于识别可能影响数据质量的钻孔壁径的潜在变化。此外，建议使用扶正器，使伽马探测器保持在钻孔中心。在有钻孔冲刷的地方，不管土壤或岩石类型如何，伽马反应都会减弱。

4.7.2 数据采集设计

获取伽马测井曲线的方式与其他大多数地球物理测井曲线相似，但不需要充满流体的钻孔或套管。在已有的监测井或采油井中进行测井时，应考虑原始井径、套管外环形填充物、套管材料等影响资料质量的井身结构特征。钻孔和套管直径越小，结果质量更高，垂直分辨率越高。

与其他钻孔地球物理仪器一样，单一地点的测井只能提供在该地点附近的参数数据。通过记录多个位置，可以使远距离的钻井之间相互联系，并可以提供二维（横截面）和三维概念模型。实际调查时所选取的井位密度应该基于地层结构和调查目的予以确定。

4.7.3 数据解释

自然伽马测井数据经过处理后可以实时显示。地球物理探测报告可以提供不同响应尺度的不同钻孔的自然伽马测井数据，特别是在多次现场测井时。在解释不同钻孔之间的伽马响应时，需要验证数据响应比例尺度是否相同。一些地球物理探测服务供应商用填充的阴影模式对响应曲线进行颜色编码，这可以帮助测井人员通过图像快速找到钻孔之间的相关性。但是如果响应比例不同，就会产生误导。数据解释是直观的，如图 4-16 显示的示例记录。美国地质勘探局地球物理测井-伽马测井网页上还提供了其他测井示例（USGS，2000a）。

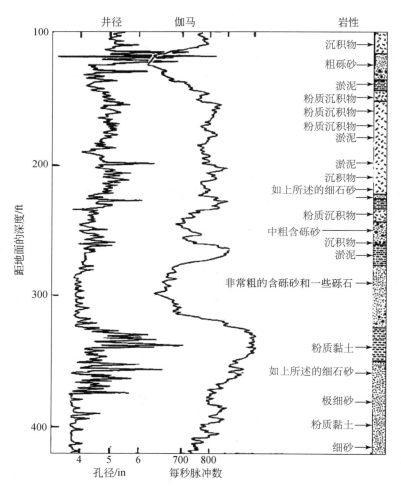

图 4-16　自然伽马测井输出示例，包括井径测井和岩性

资料来源：USACE（1995）

4.8 钻孔流量计

了解地下水流向是应用钻孔流量计（borehole flow meters）的目的。一直以来，地下水电位等值线图可以说明场地下的水头差异，并帮助解释地下水的横向流动。此外，在一个点位设置一组水井，并在不同深度设置单个水井的开筛段（如井群），可以了解一个点位不同含水层内部和之间的垂直水力梯度。使用可以直接测量钻孔内流量的专门工具可以补充上述信息，并且该工具可以提供流量测量速率，而不仅是简单地改变水头。

4.8.1 热脉冲流量计（HPFM）测井

热脉冲流量计（heat-pulse flow meter，HPFM）可以测量在基岩中完成裸眼井地下水流动的垂直方向和速率。HPFM 使用热脉冲来探测垂直流动的地下水流，该工具因此得名。通常在完成钻孔深度测试和岩屑冲洗后进行 HPFM 测试。在 HPFM 测试前会对其他测井资料进行分析，以选择钻孔中潜在的渗透特征（目标）（如裂隙、层理面、节理）。HPFM 的工作原理如下：

（1）HPFM 在裸眼井的含水层中进行。

（2）仪器安装在测试目标上方或下方的工作站，并在该位置保持静止，直到测试完成。在安装工作站时，操作员必须小心，将仪器放置在靠近测试目标的位置，并让分流器可以与井壁形成良好的密封。

（3）直径与井壁齐平的分流器引导地下水垂直流经仪器。

（4）由操作员启动仪器，启动后快速加热一小部分水，产生热脉冲。

（5）垂直流动的地下水流将热水向上或向下传输，由位于加热元件上方和下方的热敏电阻进行探测。

（6）收集数据后，可以重复读数或将仪器移到下一站点。

热脉冲数据首先是在井下环境或自然流动条件下收集的数据，其次在抽水条件下收集。在抽水的条件下，潜水泵被安装在靠近水柱顶部的井中，以低流量运行，通常约为 1gal/min。这种流量在可以改变钻孔中的水头的同时，仍然保持稳定状态。然后在与环境流量测井相同的站点重复进行 HPFM 测井。由于在相同的环境条件下，钻孔和裂缝的顶部是相同的，因此从抽运条件中发现的渗透特征可以识别出环境测井没有检测到的渗透特征。

数据通常只在一个方向上收集。HPFM 是单独运行的，而不与其他探头结合使用。

1. 使用

HPFM 的价值在于它的结果数据揭示了钻孔中的渗透特征，即水进出钻孔的位置。HPFM 结果数据还揭示了钻孔中的相对水头分布。例如，有水正在进入钻孔的地质特征比已经存在水的地质特征具有更高的水头。

2. 工具可用性

热脉冲流量计如图 4-17 所示。这个工具的直径约为 50mm，长约为 1.2m，重约为 5kg。该仪器的典型流量测量范围为 0.113～3.785L/min。HPFM 需要集中在一起，并使用一个分流器引导钻孔中的垂直水流通过仪器主体。由于 HPFM 测井和相关软件的使用需要很强的专业知识和经验，一般由地球物理测井承包商执行 HPFM 测井工作。

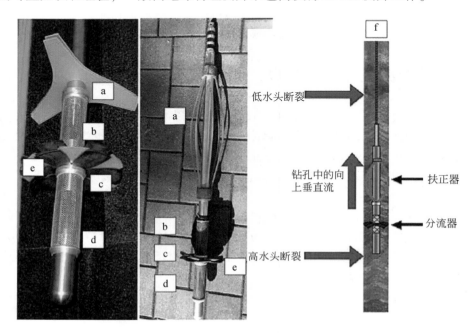

图 4-17　HPFM

a 为扶正器；b 为上部热敏电阻室经屏蔽以允许水通过；c 为可动分流瓣（通过 HPFM 的通道流）；d 为下部热敏电阻室经屏蔽以允许水流通过；e 为加热元件位于 HPFM 主体的中心；f 为 HPFM 测量开放基岩钻孔中的向上垂直流

资料来源：USGS（2016a）

3. 技术优势和限制

与其他提供井壁图像或测量地层物理性质的测井曲线相比，HPFM 的技术优势在于它可以测量井中地下水垂直流动的方向和速度。结合其他测井资料，其可以用来确定现场地质结构、水文地质结构和地下水污染物迁移路径。

HPFM 的局限性在于，由于其操作范围的限制，它只能检测钻孔中有明显渗透的地层特征。它能检测到的最小流量约为 0.03gal/min，因此，零流量读数应解释为流量 <0.03gal/min，而不是无流量。值得注意的是，可能在 HPFM 检测范围之外存在渗透特征。同样地，HPFM 可以检测到的最大流量约是 1gal/min，这足以进行大部分的现场调查（旋转流量计可测量更高的流量，见 4.8.2 节）。HPFM 的另一个局限性与钻孔的直径有关。由于水流必须通过仪器分流，因此最好在直径为 4～8in（10.16～20.32cm）的钻孔中进行测井。

4. 质量控制

使用 HPFM 时的质量控制包括以下要素：

（1）仪器使用前、使用中、使用后应记录仪器工作情况，并准确测量流量。为了测试顺利运行，将 HPFM 放置在水柱顶部附近，理想情况下放置在套管内；在 HPFM 上方安装泵，以特定流量（如 0.5gal/min）运行泵。测量泵的排放流量以确认流量，然后检查 HPFM 报告的流量。这两个值应该在仪器的精确度和分辨率范围内。

（2）在进行流量测量之前，将 HPFM 移动到钻孔中的指定深度，使流体流动稳定下来。需要注意的是移动 HPFM 可能导致水流垂直流动。

（3）收集多种测量数据，以鉴别工具引起的流动和钻孔内的流动。

（4）在抽水条件下，让井眼在开始测井和采集测量数据之前保持稳定（降深）。在测井过程中，保持一个恒定的流量，以便于进行数据解释。

（5）确定流速是否超出 HPFM 的检测范围（<0.03gal/min 或>1.0gal/min）。

（6）移动仪器时，在停止仪器后应立即开启仪器，以检测流量是否由仪器移动引起。

（7）如果检测到流量，保持仪器静止，并再次开启仪器。重复这个过程，如果流量为零，随后的每个脉冲到达热敏电阻则需要更长的时间，因为仪器运动引起的水的运动正在消散。

（8）如果流量应根据其他测井曲线和以前的流量测量结果确定，则应修改转向器，以增加仪器周围的旁路，并减少流经仪器的流量，使其达到 HPFM 能够探测到的范围。在地球物理报告中记录修改，并在解释结果时考虑修改。

5. 数据采集设计

HPFM 通常作为一套钻孔测井仪器的一部分使用，并在其他测井（如机械测井、ATV、OTV 以及流体温度和流体电阻率）完成并分析以确定潜在的传输特征之后使用。这些潜在的传输特征被称为目标。HPFM 读数的位置一般位于钻孔壁相对光滑的位置。在每个位置收集读数后，进行比较，以评估该位置的水是否进入或流出钻孔。然后，单独运行 HPFM（不与其他探头一起运行）。

6. 数据解释和表达

图 4-18 展示了 HPFM 数据的解释和表示（红色线条），HPFM 数据与其他地球物理测井、FLUTe™透射率剖面图、取样结果和 FLUTe™多级井设计相结合。首先运行 OTV、ATV、自然伽马、机械测井、流体电阻率和流体温度，然后进行解释，以识别 HPFM 读数的目标和站点。之后，运行 HPFM 环境记录，接着运行 HPFM 泵记录。为了方便分析，HPFM 测井曲线相互叠加，每条曲线的水平尺度相同：流量以 gal/min 为单位，中间为零。在这个示例中，环境记录（蓝色圆圈）显示没有垂直流。抽水记录（红圈）显示了约 120ft（36.58m）、110ft（33.53m）、100ft（30.48m）的进水区域（水正从这些地方流入井中为泵供水），这些信息用于定位钻孔样品和设计 FLUTe™井（在 HPFM 测井的左侧显示）。可以利用美国地质勘探局开发的单孔流量–测井分析（FLASH）模型（USGS,

2011）和 Day-Lewis 开发的计算机程序（Day-Lewis et al.，2011）对 HPFM 数据进行建模，以估计钻孔中渗透率的特征。

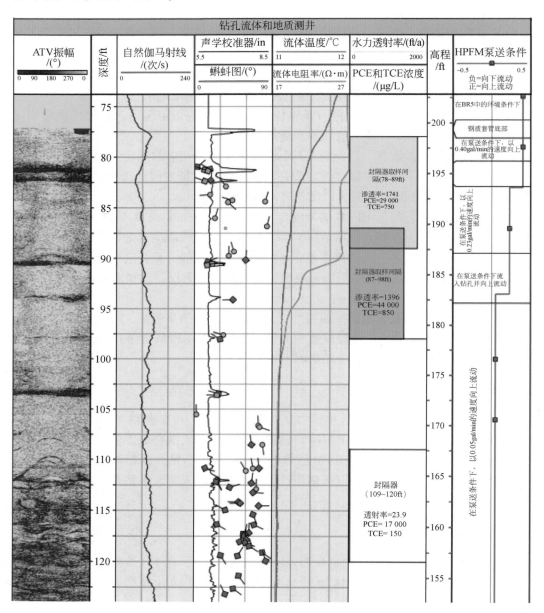

图 4-18　热脉冲流量计数据表示与分析

资料来源：Weston（2014）

4.8.2　叶轮流量计测井

叶轮或旋转流量计（图4-19）用于测量由于两个渗透单元之间水头的差异钻孔中产生的垂直流体运动的速率和方向。该仪器是70多年前为石油工业开发的，是最古老的测量井中流体流动的井中测井仪器之一。叶轮流量计由不锈钢、塑料、黄铜或钛制成。其他部件包括扶正器和叶轮周围的保护篮或保持架。该工具有一个传感器，另外还具有一个安装在精密的碳化钨或宝石轴承上的低惯量的机械叶轮，可以根据流体的流动进行旋转。当机械叶轮旋转时，它会产生电脉冲，这些电脉冲被以每秒或每分钟计数。计数率与流体速度有关，并通过校准曲线转换为流体流量。两种最常见的旋转传感器技术是霍尔效应传感器（磁）和光学传感器。这个工具的概述和相关的文献可以在美国地质勘探局垂直流量计测井网页上找到（USGS，2016b）。

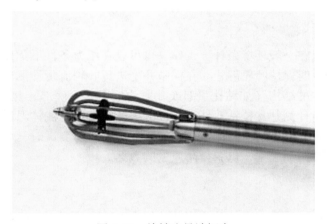

图4-19　旋转流量计探头

1. 使用

叶轮流量计可在套管井和裸眼井中使用。它可以用来测量两个透水单元之间的水头差异钻孔中所产生的垂直流体运动速率和方向，也可以用来测量相对水力梯度，识别渗透单元、裂缝、泄漏套管，或描述在屏蔽区间内的流动。

2. 工具可用性

大多数钻孔测井仪器制造商可以生产叶轮流量计，通常有多种尺寸的叶轮、保持架和扶正器来适配一系列的钻孔直径。选择要使用的叶轮流量计时，优先选择叶轮叶片最大、轴承摩擦阻力最小、每转脉冲数最高的流量计。大多数叶轮流量计可以在单导体或四导体测井电缆上运行，需要一台配有三脚架和井口电子面板或控制器的测井绞车来与计算机接口。

3. 技术限制

叶轮流量计通常被认为是一种低分辨率的工具。典型叶轮流量计的低阈值流速约为

5ft/min，这限制了它在高流量工况下的使用。该仪器的测井速度可能相当快，因此必须注意井眼位置或井眼与井底的相对位置和泵的放置位置。如果钻孔流体中有碎片、沉积物、油脂或沙子，霍尔效应传感器和光学传感器都可能会出现故障。此外，如果刀具装配时对叶轮轴承的压力过大，旋转就会受到影响，并得到不正确的数据。另一个干扰源可能来自井中流体黏度的变化，如气泡引起的变化。

4. 质量控制

叶轮应始终集中运行，以便能够收集到钻孔或井中心层流区域的最佳样本。测井速度应保持恒定，并用流量计数据记录。必须进行井径测井，测井数据应与井径和套管直径校正的流量计数据一起提供。应该记录下来日志记录并应选择一套日志记录重复运行。记录井的套管部分的校准数据，如果可能的话，记录至少三种不同的测井速度，以生成校准曲线。

5. 数据采集设计

叶轮流量计可以在一般环境条件下工作，也可以在压力条件下工作，可向下或向上移动，或者在特定深度时保持叶轮静止。在裸眼井中进行叶轮流量计测试时，了解钻孔或井中的水位、钻孔或井的结构（如钻孔顶部或井底、地面套管底部、井网位置或裸眼井段）十分重要。叶轮流量计测井支持钻孔地球物理测井，如井径、流体温度和流体电阻率，还支持远程观察仪，可深入了解可能的流动区域。在进行应力测试时，关键是要保持恒定的抽水或注入速率，并监测速率，以获得高质量的数据。

6. 数据解释和表达

叶轮流量计数据可以在标准的钻孔测井软件中查看和绘制，并可在 MicrosoftExcel 中进行处理。此外，可以使用美国地质勘探局的 FLASH（USGS，2018a，2018b）等现成的代码，对流量计结果的渗透率和水头进行建模。

4.9　其他测井技术

4.9.1　电阻率

电阻率测井最常用于基岩或深井，因为在这些地方无法采用直接传感方法收集高分辨率数据。电阻率测井包括几种井下电缆测井工具，用于测量地下材料抵抗电流流动的程度。现有的工具可用来测量各种钻孔材料的电阻率，包括井中流体、侵入带（受井中流体侵入的紧邻井中的地层材料）以及侵入带以外更深的地层体积。电阻率是 EC 的直接倒数，单位为 W·m，它是取样材料的一个基本特性，定义为

$$R = r \cdot S/L$$

式中，R 为电阻率（$\Omega \cdot m$）；r 为电阻（Ω）；S 为测量的横截面积（m^2）；L 为长度（m）。

地层材料的电阻率受基质材料（矿物学、孔隙度、渗透率）和占据孔隙空间的材料（气体或孔隙流体）的性质的影响。黏土矿物和金属矿物通常比其他矿物（如石英）导电性更强。在含水饱和孔隙中，电阻率是水中溶解电解质浓度的函数（盐水导电性好，淡水导电性差）。去离子水和空气具有无限的电阻性，许多碳氢化合物也是如此。由于这些差异，电阻率常常被用作岩性指示剂，以及地层孔隙度、渗透率和孔隙流体化学的指示剂。各种接地材料的相对电阻率如表4-3所示。

表4-3　接地材料的相对电阻率

材料	电阻率/Wm
黏土	1 ~ 20
砂土（湿润到潮湿）	20 ~ 200
页岩	1 ~ 500
多孔石灰岩	100 ~ 1000
致密石灰岩	1000 ~ 1000000
变质岩	50 ~ 1000000
火山岩	100 ~ 1000000

资料来源：Wightman（2003）。

最常用的电阻率测井仪器在两个电极间隔 [通常为16in（0.41m）和64in（1.63m）] 上设置四个电极，以便进行不同深度的调查。在包气带通常设置较短的测量间隔，较深的地层则设置较长的测量间隔。该仪器测量结果称为视电阻率，为了进行定量解释，视电阻率须转换为真正的电阻率。另一种电阻率测井仪器是侧向测井仪，它将电极组合成不同的结构，仅用于测量包气带以外的自然地层的电阻率。此外，聚焦电阻率测井仪器，如保护测井仪器，具有更大的调查深度，可以提供更高的分辨率和薄层探测。

电阻率测井必须在充满液体的裸眼井中采集数据。电阻率测井的另一种替代方法是感应测井，它测量地层的电导率（电阻率的倒数）。感应测井是通过发射一个交流电来完成的，它产生一个磁场，在导电材料中产生涡流。涡流产生次级磁场，在接收线圈中产生电压。电压的大小是地层材料电导率的函数。感应测井的一个优点是，无论钻孔中是否有流体的存在，均可通过现有井的塑料套管测量地层电导率（从而测量电阻率）。

1. 使用

多电极电阻率测井常用于岩性表征和测定孔隙水质量。由于影响电阻率测量的因素很多，在进行定量分析时经验对于解释分析电阻率测井曲线是很有用的。用于定量解释的方法和算法不在本书的讨论范围之内，可以查阅其他资料。

像其他岩性表征测井工具一样，电阻率测井可以作为一种对比工具（在合理的间隔范围内可以获得多个测井数据）来分析所需的地层特征。电阻率测井在研究与含水层有关的盐水和淡水问题时也很有用。

电阻率测井是评价岩性和孔隙流体特征的有效方法。它是最常用的钻孔地球物理测井方法之一，被大多数地球物理服务提供者广泛使用。为便于进行定性解释，需了解影响视电阻率响应的主要因素。定量解释可以深入了解地层孔隙水质量和孔隙度等参数。所选择的电阻率测井仪器的类型和结构取决于具体的现场条件和勘探目的。多电极电阻率测井常常与其他测井（自然电位、单点电阻率）一起进行，是提供多条证据线的之一。

2. 技术限制

电阻率测井的主要局限在于定量解释可能受到多种因素的影响。总的来说，这些变量会导致既定分析方法的非均匀解。为了将视电阻率转换为真电阻率，可能需要对温度、钻井液电阻率、井径、泥饼和钻井液侵入进行校正；更复杂的问题是：层理厚度作为电极间距的函数可能影响正常测井曲线，并提供错误的结果。因此，定量解释需要测井经验和对区域和当地地质构架的透彻理解，以便为分析解决方案作出适当的假设。收集辅助数据可以便于进行定量解释，如在感兴趣地点附近进行水质取样。

3. 质量控制

电阻率测井仪是利用电极之间的固定电阻进行校准的。在数据采集过程中，应有一名熟悉当地水文地质的野外地质学家在场，以协助评价实时数据和查明潜在问题。与其他钻井测井仪器一样，应该在测井钻孔中记录具体位置的信息（如位置、高程、井身结构细节），以备将来参考。

4. 数据采集设计

电阻率测井利用电缆进行测量，与其他大多数地球物理测井技术工具的方式相似，必须在充满流体的裸眼井中采集信息。不过，在钻孔中和现有塑料套管井中不管有无流体，感应测井都可以采集信息。电阻率测井测量的是勘探区域内的视电阻率，受到温度、钻井液电阻率、井径、泥饼和钻井液侵入等多种因素的影响。为了使用电阻率测井进行定量分析，在测井过程中必须考虑这些因素，并记录在测井日志中。

对充满流体的裸眼井，地球物理测井应该在钻孔完成后立即进行，并由司钻加以稳定。这种方法需要与地球物理服务提供商进行沟通和协调，以尽量减少待机时间的成本。测井通常是逐个钻孔进行的，而不是一次测量多个钻孔。在钻孔设计要求套管可伸缩的情况下，则必须在安装每根套管之前进行测井。

与其他钻孔地球物理测井仪器一样，单一地点的测井只能提供该地点附近的参数数据。通过记录多个位置，数据可以在更远的距离上进行关联，以提供二维和三维概念模型。要记录的井位密度应该基于地层结构和调查试图解决的问题予以确定。

5. 数据解释和表达

电阻率测井资料通常是实时处理和显示的。图 4-20 显示了一个典型的测井组合，称为电阻率测井曲线，并附有岩性解释。

在图 4-20 中，岩性解释基于基线右侧电阻率曲线的变化，表面非黏土沉积物岩石的电阻率增加。黏土层间的视电阻率小于 $5\Omega\cdot m$，而冲积含水层间的视电阻率在 $20\sim50\Omega\cdot m$。

在这个例子中，冲积含水层中的孔隙流体是淡水。如果存在盐水或微咸水，视电阻率将显著降低，这将使确定岩性更加困难。另一个电阻率测井结果的例子可以在美国地质勘探局的地球物理测井网页上找到——自然电位测井网页（USGS，2000b）。

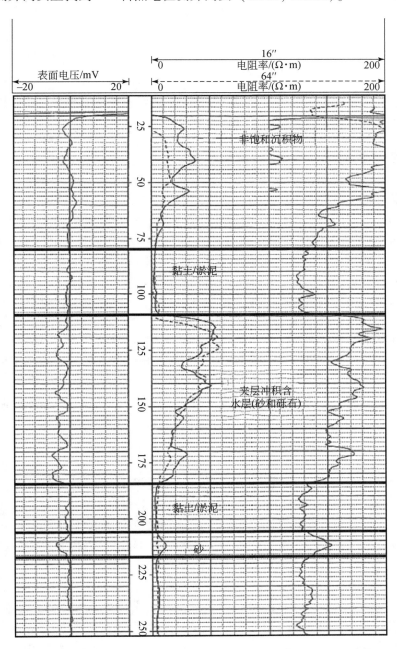

图 4-20 自然电位（左列）、正常电阻率（16in 和 64in，即 0.41m 和 1.63m）
和单点电阻输出的电阻率测井示例

电阻率测井的定量解释涉及对视电阻率（测井值）进行校正，方法是对测量的井径、钻井液电阻率、钻井液侵入深度和地层厚度等进行校正。带有校正图表的测井手册可以在互联网和其他地方获得，以帮助进行测井分析（Schlumberger，2009）。

6. 数据误用

影响勘探区内材料电阻率和视电阻率测井响应的因素很多。对大多数饱和淡水沉积物的近地表调查，定性解释可能很简单，而定量解释则需要经验和对若干变量的测井响应的透彻理解。熟悉电阻率测井以及当地的地质和水文地质结构至关重要，同时仍需要能随时获得其他参考材料，以方便进行测井解释。

4.9.2　核磁共振

核磁共振（nuclear magnetic resonance，NMR）技术利用的是氢原子的量子物理性质和氢原子对磁场扰动的反应，类似于医疗工业中使用的磁共振成像。自 20 世纪 60 年代以来，NMR 地球物理勘探作为勘探和油田开发的工具，在石油工业中得到了广泛的应用。传统的应用中，NMR 可用于总孔隙度、孔径分布、渗透率和油水相对孔隙流体饱和度的定量估计。油田 NMR 工具是为深层地下基岩应用而开发的，安装起来通常昂贵且烦琐，不适合近地表调查。近年来，已经有改进型 NMR 测井仪研制成功，可以方便、经济地获取浅层非饱和（包气带）水文地质参数资料和含水层调查资料。NMR 测井使用电缆或推进工具可以在整个测井时间段提供连续的高分辨率数据。地表 NMR 地球物理方法也可用，但在本书中没有讨论。如果套管材料是非金属材料，电缆数据采集可应用于稳定的裸眼井或现有的地下水监测井或开采井。数据是从 NMR 测井仪器中心（称为敏感直径，图 4-21）不同半径处的多个土壤基质窄带中获得的。该方法可评估钻孔或监测井附近扰动区以外的地层条件。

1. 使用

可量化的参数包括残余水饱和度（包气带）、总孔隙度、流动孔隙度、束缚孔隙度（黏土或毛细管束）、导水率和含水层中某些 NAPL 的多相饱和度。根据孔隙大小分布和相对流动水含量，可以间接推断岩性。如前所述，NMR 可以安装在稳定的钻孔、现有的地下水监测井或开采井中，其在钻孔推动工具中使用即可以在区间内收集高分辨率数据。

2. 工具可用性

目前，只有少数几家地球物理服务提供商提供全套的近地表 NMR 测井服务。然而，NMR 测井设备可以由制造商租赁和运输到全球的大多数地方。NMR 设备允许用户自己运行，也可以将设备交给合作的地球物理服务提供商来运行。所需的基本设备包括测井仪器、三脚架和滑轮、电缆线轴和绞车、电子设备和笔记本电脑、探测背景噪声的参考线圈和发电机。该系统可以通过笔记本电脑上的简单界面较轻松地设置和操作。在数据采集之后，使用笔记本电脑上专用软件对数据进行处理，可提供可视化的实时结果输出。

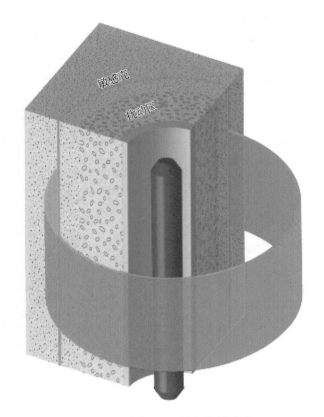

图 4-21   收集 NMR 数据的敏感壳

3. 技术优势

NMR 是唯一可同时测量孔隙度、孔径分布和水力传导率的地球物理测井技术工具。根据孔径分布，NMR 还可以区分流动孔隙度和束缚孔隙度（淤泥和黏土）组分。中子测井可以定量估计总孔隙度，但需要使用放射源。在调查近地表和饮用水含水层系统时，这一功能可能会引起关注［详见 ASCT 钻孔表格（ASCT，2019）］。NMR 的另一个优点是它能够检测和区分孔隙流体中的水和某些石油烃，并可定量估计每种物质相对饱和度。

NMR 测井的一个关键优点是：它可以在现有的 PVC 套管监测井中进行，因此不需要额外的侵入式钻井和衍生废物处理。调查的深度不受会阻碍测井工具推进的土壤条件的限制，与直接传感工具相似。此外，随着时间的推移，参数的变化如烃的饱和度或由于生物膜形成而减少的孔隙度，可以通过周期性的重新测井来监测。如果有需要，还可以将 NMR 工具直接安装至直推式钻机上联动使用。

4. 技术限制

与其他地球物理测井方法相比，NMR 的纵向分辨率有一定的局限性。数据一般是根据刀具规格（线圈间距）分阶段获得的，并在每个阶段取平均值。大多数 NMR 工具通常可提供大约 0.5m（约 1.5ft）的垂直分辨率；直推式 NMR 工具可以提供大约 9in（22.86cm）的垂直分辨率。工具通常在两个和四个敏感的外壳之间同时测量，最大敏感直径在 6~20in（15.24~50.8cm），具体直径取决于工具的使用。为了保证所用工具的灵敏直径能够测量井壁以外的原状土基质，了解原始钻孔直径是非常重要的。表 4-4 总结了各种工具和其相关特性。

表 4-4　NMR 工具规范示例

特征	型号					
	JP525	JP350	JP238	JP175（B）	JP175D	Dart
探针直径/in	5.25	3.50	2.38	1.75	1.75	1.75
感应直径/in	20	15	12	8（10）	10	6
探头长度/ft	5.5	6.3	7.1	7.2	7.2	4.3
垂直分辨率/ft	1.5	1.5	1.5	3	1.5	9
回声间隔/ms	0.7	0.7	0.7	0.9	0.9	0.5
壳数量/个	4	4	4	2	2	2
测井速度/（ft/h）	200	200	200	75（50）	25	15

资料来源：Spurlin（2019）

5. 质量控制

NMR 工具在现场使用前由制造商进行校准。每次测井运行之前应进行校准，以规范现场数据采集程序。校准文件还指定了适当的记录速度。工业噪声会干扰 NMR 信号，如靠近测井的电线和发电机。另外，设备必须接地，测量背景噪声时必须使用参考线圈盒，这样可以在数据处理过程中，最小化背景噪声，从而改善信噪比。为了在数据采集过程中评估数据质量，还可以使用制造商提供的处理软件实时监测信噪比。

6. 数据采集设计

与其他的地球物理测井方法相比，NMR 测井是一个相当缓慢的过程。典型的测井速率为 15m/h（约 50ft/h），在某些情况中，测井速率会更慢。考虑到井之间的进场、退场和清除污染所需的时间，对于大多数近地表应用来说，一个标准工作日的最大测井深度是 60~75m（200~250ft）。对于单次进场测量的深井，可以进行更大深度的测井。

在现有的监测井或采油井中测井时，必须考虑一定的施工因素，包括套管材料（非金属）、套管直径和原始钻孔直径。套管直径决定了可以使用哪种工具。在直径较大的套管中，可以使用较大的 NMR 工具来增加最大灵敏直径和提高垂直分辨率。敏感直径必须大于原来的井径，以避免测量套管外的环状物质。相反，如果对井环形材料的性质感兴趣，可以选择一个敏感的直径工具来测量环形空间内的参数。

当使用直推工具改进技术实现 NMR 测井时，数据收集方式与其他直接传感方法类似。在这种情况下，将小直径套管推进到要测井的最大深度，并将工具插入套管中。然后分阶段收回套管，使工具暴露在土壤基质中。在每个阶段测井之后，将仪器提升到套管内，然后收回套管，为下一个测井阶段做好准备。或者，可以为了监测的目的，在裸眼井中安装空白 PVC 套管（永久或临时）。

与其他地球物理测井技术工具一样，单一地点的测井只能提供该地点附近的参数数据。通过记录多个位置，数据可以在更远的距离上进行关联，以提供二维和三维概念模型。根据活动水孔隙度和束缚水孔隙度信息，可以识别和绘制储集间隔和迁移通道。记录的井位密度应该基于地层结构和调查目的予以确定。

7. 数据解释和表示

供应商提供的笔记本电脑包括实时处理和显示数据的软件。数据解释是直接的，如下面示例记录所示（图 4-22）。

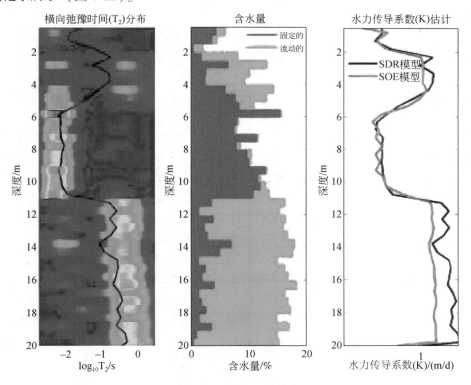

图 4-22　示例 NMR 输出

图 4-22 中的左列显示了由 NMR 工具测量的复合自旋回波序列所得到的激发态氢分子的横向弛豫时间（T_2）分布。T_2 分布的积分反映了总含水量，T_2 轴的分布则反映了水的流动性。中列显示了自由水和结合水的相对数量，这两者的组合代表了总含水量。在非饱和介质中，总含水量反映了剩余含水饱和度；在饱和介质中，总含水量反映了基质材料的总孔隙度。自由水百分比高的间隔表示具有高渗透性粗粒土，结合水百分比高的间隔表示具有低渗透性黏土和细粒土。右列显示了测量间隔的估计导水率/值分布。水力传导系数是根据总孔隙度和孔隙大小的分布，利用多种算法计算出来的，并会在不同的土壤和岩石类型上进行经验测试。

可以通过核磁共振工具测量孔隙流体其他性质，包括氢指数和液相扩散系数。液相扩散系数是指分子在流体中随机运动的程度。水的氢指数与石油烃的氢指数相差不大，但石油烃的存在影响液相扩散系数，并与 T_2 反比。利用油田 NMR 技术，可以对 NMR 数据进行处理，以评估这些性质，并推导出孔隙空间中的烃饱和度估计值。对这一分析方法的测试（Spurlin，2019）表明，可以在合理的误差范围内检测到低于 5% 的碳氢饱和度并对其进行半定量估计。该分析可在初始 NMR 测井后确定的相关间隔内分阶段进行。

8. 数据误用

在使用 NMR 数据时，主要考虑的是垂直分辨率和数据收集处的敏感直径。垂直分辨率是由收集数据的阶段的垂直长度定义的，它代表了区间内土壤基质的平均特性。如果敏感直径接近或小于原始钻孔直径（以及钻孔以外的潜在扰动区），所得结果可能不能准确反映原土基质条件，最好使用一种敏感直径超过原始钻孔直径 2in（5.08cm）或更多的工具。如果原始钻井用泥浆钻进，侵入带可能会对地层性质产生更深的影响。

4.9.3　钻孔视频测量

钻孔视频测量提供了钻孔实际状况的可视记录，并允许观看者直接查看井壁的实际状况。在适当的条件下，观测者可以探索广泛的地下环境——从直径为 2in（5.08cm）的监测井到直径超过 12in（30.48cm）的裸眼井和生产井。双视角（包括井下视角和 360°侧视）高分辨率摄像机允许观看者识别和分类地质特征、井构造细节和可能存在的障碍物。数字视频记录可以保存到各种电子媒体或上传至云平台。

钻孔摄像系统的测试深度从可达 1000ft（304.8m）的便携式系统到可达 5000ft（1524m）或更深的车载摄像系统不等。大多数钻孔摄像机安装在不锈钢外壳内，并用氮气加压。据报道，一些型号的钻孔摄像机防水能力高达 2500psi①（17.24MPa），相当于水下 5880ft（1792m）深。外壳的直径一般从 1.6 ~ 3.5in（4.06 ~ 8.89cm）（图 4-23），长度通常为 22in（55.88cm）。数字视频通过单导体（同轴）电缆传输，用铠装电缆包裹。

| R-CAM 1000双视图
水下钻井摄像机 | 用于水下井和钻孔的带DVR
的R-CAM XLT控制单元 | R-CAM 1000便携式
水井钻孔摄像系统 |

图 4-23　钻孔摄像系统示例

---

① 　1psi＝6.89476×10³Pa。

除了以下段落中的描述，可以在网络上参见基岩视频调查的示例视频，还可参阅 USGS 地球物理日志–温度日志网页上的示例温度日志（USGS，2000c）。

1. 使用

钻孔视频测量可用于执行以下活动：检查井套管和筛网、记录监测井施工、识别和分类断层、确定渗流带裂缝的渗漏、识别含水层、描述岩性或地质特征、识别障碍物、在工作之前或之后确认条件的变化、记录监管合规性或提前废弃建设不合格的监测井。

成功进行钻孔视频测量的一个重要因素是相机光源能够到达特定深度钻孔壁。随着 LED 技术的进步，现代钻孔照相机配备了更强大和更高效的 LED 光环或前置灯泡（图 4-23）。注意，卤素照明技术也仍在使用。

扶正带（固定在相机的项圈上的弯曲金属或塑料薄片）用于使相机在整个勘探过程中始终保持在钻孔或井套管的中心，还可实时调整相机的焦点。摄像机对焦、光强和旋转（在调查的侧视部分期间）可在地面实时进行远程控制。

深度编码器，通常位于摄像机系统的绞盘或附近，提供相机镜头用户选择的参考点距离屏幕下方约 0.1ft（3.048cm）位置的深度。摄像机诊断，如内部温度和湿度，可用于实现监测设备的状况或故障排除的目的。

2. 技术优势

钻孔视频测量具有以下优点：
（1）调查可以在水下或露天环境中进行。
（2）观察者能够直接观察井壁的状况，这有助于对地下地质和岩性进行分类，并有助于规划后续任务（如液压封隔器测试和井的建造）。
（3）如果存在地下水流，流入和流出特征可以被清楚地定义到准确的深度。
（4）该工具可用于清除井中障碍物（如小型手动工具、管道和油管、取样设备在钻孔掉落或丢失）。
（5）此工具可通过供应商随时出租、购买或签订合同。
（6）对于深度达 150m 的井，通常可以在几小时内完成测量。
（7）调查采用电子方式，完成后可快速上传、下载、复制或分享。

3. 技术限制

（1）图像的清晰度完全依赖于到达钻孔壁的光量。如果水变得浑浊，相机则不能得到足够的光线，那么图像就会丢失。如果允许的话，在调查之前或调查期间不断地向井中注入清洁水或通过抽水机抽走水通常可以解决浊度问题。
（2）在斜井中，摄像机可能偏向井壁的一侧，从而影响图像。
（3）许多相机没有配备指南针，这会限制观测者作为参考而观察到的特征。使用 ATV 或 OTV，包括内部磁强计（用于定向）、倾斜仪（用于倾斜）以及钻孔视频测量，可以弥补这一限制。
（4）调查期间的潜在干扰可能包括电源引起的电气问题或与露天岩井相关的物理危害

（如坍塌、松散材料、障碍物）。

4. 质量控制

建议采取以下措施来控制数据质量：

（1）在每次测量过程中，实时检查摄像机诊断信息，如内部温度、压力、湿度和电压/电流，以确保摄像机的安全运行，或排除故障。

（2）在进行每个钻孔视频测量之前重置屏幕上的深度测量，以保持项目特定的参考点。这种深度测量可以根据需要多次进行校准。

（3）在进行钻孔视频测量之前，观测者应该与操作者确认摄像机上所参考深度的确切位置。必须注意的是，在视频的每一部分（钻孔和侧视）参考深度不变，侧视窗通常位于钻孔摄像机镜头的上方。

（4）在测井之前，要确定套管和钻孔的直径，并调整相机的扶正带，使其与井壁或套管壁松散贴合。

（5）注意钻孔或井的相对大小，并考虑到相机距离钻孔壁的距离。显示器可能会夸大某些特征的尺寸。例如，洞穴状的空洞可能只有几英寸长。注意钻孔或钻孔的相对大小并考虑相机与井壁的接近程度是很重要的。此外，其他地球物理探测器，如机械测径器或声学电视观测器，可以更准确地估计有关特征的大小。

（6）测井前，与操作员确认计划的测井速度，并根据需要进行调整，以实现测量目标。

（7）定期检查录像设备，以确认视频文件的收集（和存储）。

5. 数据采集设计

虽然获取钻孔录像的标准作业程序可能因供应商而异，也可能因操作员和客户的喜好而有所不同，但通常的做法是相机在钻孔内向下移动的过程中通过镜头观察井内情况。较新型号的相机支持移动和倾斜镜头，但一般来说，在调查的初始部分，镜头会持续向下移动。向下移动过程中，操作员记录感兴趣的特征，直到到达井的最底部。在此过程中，应注意避免钻孔干扰，以免降低相机的可见度。

视频调查的第二部分在向上拉起相机的同时进行，通过侧视窗进行记录。摄像机镜头旋转360°，观察钻孔壁的每一侧。这种旋转可以在相机处于静止（停止）状态时进行，也可以在相机垂直通过钻孔时进行。由于镜头360°旋转的速度有限，侧视测量通常比下视测量的速度慢。

视频调查结果通常在操作员或相机租赁公司提供的显示器或笔记本电脑屏幕上观看。视频显示和处理所需的软件一般包括在显示器或笔记本电脑内。图4-24中给出了钻孔视频调查的截图示例。

视频调查可以保存为MPEG格式视频文件，并且可利用Wi-Fi功能将视频文件上传到云平台，以便于存储与分享。

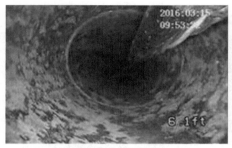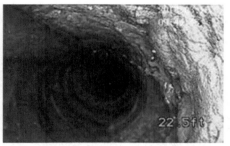

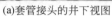

(a)套管接头的井下视图　　　　　　　(b)井壁的井下视图(注意图像右侧的地下水流)

图 4-24　钻孔视频测量的屏幕截图示例

第 5 章 | 近地表地球物理勘探技术

近地表地球物理勘探技术是一类用于评估地表下的地质情况的非侵入式技术。通过测量由自然源或激发源产生的信号间接获取地下介质的物理性质以及不同物理性质介质在地下的空间分布。地表地球物理设备有较强的可移动性，一次测量可以覆盖较大的区域。工具的可移动性和计算能力方面的技术进步使地表地球物理方法适用于大规模调查（如区域地质）和小规模场地的精细化表征。地表地球物理工具也可作为遥感调查的一部分，并可与本书中讨论的其他工具配合使用，配合现场调查的实施。

近地表地球物理勘探技术是一种间接探测方法，可以描绘影响污染物迁移的地质分布特征，在理想条件下还可以探测出污染物导致的地下介质物理性质变化，但不能直接获取特定污染物的浓度。所获取的数据需要与其他信息关联再做进一步解读，但最终解读的结果不一定与实际情况一致。成功利用近地表地球物理勘探技术探测到勘查目标物需满足以下几点条件：①勘查目标物与周围介质之间存在较明显的物理性质差异；②勘查目标物能够发出可测量的异常信号；③勘查目标物的异常信号能从干扰背景中分辨出来。因此，近地表地球物理工具与传统调查方法结合使用时，数据相互印证补充效果较好，有可能降低表征和监测成本。基于地表地球物理方法所获得的数据信息可以指导钻探方案设计，也可验证地表地球物理方法中所检测到的异常，如特殊地层界面、空隙、断层、裂缝等，还可以基于地表地球物理方法的结果来设计挖掘活动，以证实掩埋的固体废物、地下储罐或地下管道的深度。使用地表地球物理工具确定地下设施的大致位置，可以防止这些设施在后续的侵入性调查阶段遭到破坏。

5.1 近地表地球物理勘探技术的选择及应用

地表地球物理方法的实施通常分为以下阶段：数据采集、数据压缩和处理、建模以及地质解释。

数据采集：沿线性测线或三维网格发送脉冲信号。信号通过地下介质的反射后，由接收器接收。以测线模式测量一般有恒定的探测间距，基于调查目标设置具体的探测分辨率，测线一般垂直于目标。当多条测线合并时，可以形成一个由采样点和等值线结果组成的三维网格。可以通过重复测量来改善信号（期望的数据）与噪声（测量数据中可能是空间或时间上不希望的波动）的比率。

数据压缩和处理：测量过程中几何效应会影响信号的传输和衰减，需要对数据采集断面（或测量）的原始数据进行校正，这个过程称为数据压缩。这可能包括校正与地下特性变化无关的非必要变化数据（如重力测量通常针对地表地形进行校正）。数字信号处理包括用于增强信噪比的时间序列分析（如傅里叶分析）、几何效应或信号处理。即使获得了良好的信噪比的数据，目标检测也取决于工具特定分辨率（见 ASCT 地表地球物理工具汇总表，Mussett 和 Khan，2000）。被识别的目标即数据中的"异常"（如数据值高于或低于周围数据的平均值），但并非所有的地球物理目标都会产生可识别的异常。

建模：建模的目的是描述地下介质物理性质的变化，从而解释所获得的数据。模型应该尽可能复杂。建模过程分为两部分：正演建模和反演建模。正演建模采用地下特性分布模型（类似于地质剖面），并使用数学算法来模拟出可能看到的地球物理响应。反演建模从观测到的地球物理数据（通常从工具获得）开始，根据所获取的数据来生成地下物理性质分布模型。例如，利用地震纵波的到达时间（见 5.4 节）来确定基岩界面的深度。

模型维数取决于数据的空间分布。它可以是单个点周围测深的一维垂直剖面、单个数据剖面的二维模型或一组平行横断面的三维模型。许多地球物理模型都存在非唯一性（多解性）的问题；影响这些模型单元（或参数）的因素比获得的独立测量值要多。如果没有额外的信息约束，就不可能找到一个"唯一"的模型。出于这个原因，需要制定额外的假设来约束模型。

受制于仪器的灵敏度以及干扰信号等因素，地下介质的情况不可能被近地表地球物理勘探技术完全探测到，因此构建的模型是实际情况的近似反映。由层析成像方法（如电阻率成像或地震层析）产生的模型通常采用平滑约束，在可能的非唯一模型范围生成最小结构图像。因此，图像是地下信息的模糊表示，很难辨别异常的确切形状和大小，特别是当探测点间距不够近，无法显示信号的所有细节时（Musett and Khan，2000）。

地质解释：建模后，将结果解释为地质或场地特征。例如，电导率较高的区域可能表明存在高盐度地下水。然而，由于许多地球物理性质对广泛的物理和化学变化均有响应，所以解释通常是非唯一的。地球物理模型必须与所有可用数据（包括地质、地球物理、露头和化学数据）相结合，以综合解释场地概念模型（Mussett and Khan，2000）。

拟确定选择地表地球物理工具，回答以下场地相关特征的问题往往是考虑的第一步：

（1）项目的目标是什么？例如，重点是确定地质条件和识别金属物体，如管道或地下储罐？

（2）这个场地有多大？例如，这是否是一个可以扩展调查的场地，是否便于布设更广泛的测线？

（3）需要什么解决方案？例如，大尺度分辨率即已足够还是需要更精细的尺度？

（4）特征的深度是多少？例如，它是浅的，还是和预期的特征一致是深的？

（5）场地是由松散的还是紧实的材料组成？例如，它是干燥的沙土吗？它有夹层吗？

（6）是否有人工地物（如道路、重型设备、电线、电箱）会干扰结果并影响数据质量？

ASCT 地表地球物理工具汇总表提供了一个工具筛选过程，以根据现场和项目参数以及项目目标确定要使用的工具。美国地质勘探局断裂岩石地球物理工具箱方法（USGS，2018b）可用于选择适当的工具。同一地块使用多种近地表地球物理勘探技术收集数据可以相互验证，提高场地特征描述的数据可信度。ASCT 地表地球物理检查表（.xlsx 版本）也提供支持工具选择和使用以及项目管理的信息。

本节主要讨论的工具包括电阻率成像（ERI）、探地雷达（GPR）以及时域和频域电磁测量（EM）。

5.2　电阻率成像法

ERI 是以地下介质电阻率差异为基础，采用一定电极装置向地下供以稳定电流，观测供电电流强度和测量电极之间的电位差，进而计算和研究视电阻率，推断地下掩埋的电阻率差异物质的分布，如图 5-1 所示。

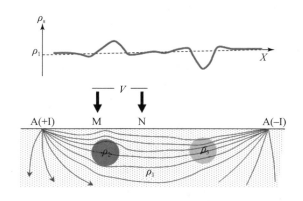

图 5-1　电阻率成像原理示意图

$\rho_1 \sim \rho_3$ 为电阻率；V 为电压，M 和 N 为测点；A（+I）和 A（−I）为直流电

ERI 用于无损确定地下电阻率的空间变化（横向和随深度变化）。电阻率描述了地下传输电荷的固有电阻，倒数为电导率。电阻率成像是一种易于获取有价值数据的技术，在场地表征中所获取的数据数值幅度跨越多个数量级，数据直接受多种物理和化学性质的影响。

地下电阻率受岩性（孔隙度、表面积）、孔隙流体特征（如盐水、淡水、NAPL）、含水量和温度等因素的影响。一般火山岩如花岗岩、玄武岩等致密的岩石具有较高的电阻率，质地相对疏松的沉积岩如砂岩、页岩等的电阻率次之，黏土可以吸收大量的离子因此具有较高的电导性。除石墨和黄铁矿等导电矿物外大部分地质材料导电性不强，由于地下介质的电阻率极易受地下流体导电离子和孔隙空气的影响，电阻率数值与地下矿物的岩性无直接联系。金属特征（如矿石矿物、基础设施）物质则显示为低电阻率。常见岩石、砂和矿物的电阻率分布区间见表 5-1。

表 5-1　岩石、砂和矿物的电阻率分布情况

类别	名称	电阻率/（Ω·m）	名称	电阻率/（Ω·m）	名称	电阻率/（Ω·m）
岩石	花岗岩	$6\times10^2 \sim 1\times10^3$	石英岩	$2\times10^2 \sim 1\times10^3$	砾岩	$10 \sim 1\times10^4$
	石灰岩	$50 \sim 1\times10^7$	砂岩	$1 \sim 6.4\times10^3$	辉绿岩	$6\times10^2 \sim 1\times10^3$
	大理岩	$1\times10^2 \sim 1\times10^3$	页岩	$20 \sim 2\times10^3$	玄武岩	$1\times10^2 \sim 1\times10^3$

续表

类别	名称	电阻率/ ($\Omega \cdot m$)	名称	电阻率/ ($\Omega \cdot m$)	名称	电阻率/ ($\Omega \cdot m$)
土壤	黏土	$1 \sim 2 \times 10^2$	含水黏土	$0.5 \sim 10$	油砂	$4 \sim 800$
矿物	赤铁矿	$1 \times 10^3 \sim 1 \times 10^5$	磁铁矿	$1 \times 10^{-4} \sim 1 \times 10^{-3}$	黄铁矿	$1 \times 10^{-3} \sim 1$
其他	海水	$0.1 \sim 10$	地下水淡水	$10 \sim 100$		

ERI 对多种地下物理和化学性质敏感，是一种用途广泛的地表地球物理方法。它可以用来描绘控制地下水运移的水文地质条件、地下水中无机污染物的分布以及地下含水量的变化。但是，用途的多样性也意味着影响地下电阻率的未知因素多，从而导致 ERI 对地下特性的多解性。

相比于侵入式地下探测方法和其他地球物理技术，ERI 具有许多优点。该技术的主要优势在于：①地质介质中的电阻率范围广；②电阻率易受多种地下物理和化学性质（包括含水量、孔隙度、流体盐度和粒度分布）的影响。因此，ERI 具有广泛的应用前景。

5.2.1 使用

电阻率成像法依赖于发射仪器和地面之间的电流（直接）接触，这与电磁法不同。其基本的测量方法是将四个电极放置在地表或跨孔探测的钻孔中。两个供电电极将电流驱动到地下，测量电极记录电极之间的电位差。电流源是一个功率达数百瓦特的发射器，电位差由与发送器同步的接收器记录，调查概况见图 5-2。

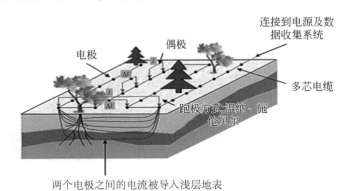

图 5-2 ERI 系统的基本组成（在电极网格上进行三维电阻率测量的设置）

每次测量计算出的转移电阻率通常会被转换为视电阻率。视电阻率等效于在均匀各向同性的环境下测量得到与实测的转移电阻率数值相同时的真电阻率。

对于非均匀地层，原始数据通过反演，生成电极下实际电阻率分布的图像。

电极通常是以固定间隔打入地面的圆棒或圆钉。有时需要增加电极的尺寸，即增加了电极与地表的接触面积以降低电极和地表之间的接触电阻。接触电阻越高流入地下的电流越低，会降低接收电极之间电位差（降低信噪比）。大电极可以提高信噪比，但在解释数据时，它们的使用可能违反基本假设。

电极配置可包括：

（1）嵌套式的排列，如图 5-2 所示的温纳阵列，常用于探测地层的水平界面。

（2）偶极–偶极阵列，其中供电电极与测量电极以电极间距的整数倍数分开。这些阵列通常用于探测地下的垂直目标，并根据四个电极的相对位置产生不同的灵敏度模式。

ERI 最常见的应用是以二维断面的形式获得地层电阻率结构的二维横截面。大断面通常是使用一组电极和相关的电缆逐步滚动，以覆盖广阔的地形。二维断面的主要局限是只能表现某方向二维垂直剖面的电阻率分布情况，以二维断面推测三维电阻率分布在某些情况下是合理的（如垂直于埋地管道的电阻率测量），但地下电阻率的分布主要为三维尺度。三维电阻率测量要求将电极一次布置在网格上，而不是布置在一条单独的测量线上。目前商用的电阻率成像数据处理软件都支持三维测量。

5.2.2　数据采集设计

一些经验法可以指导电阻率法的实施。在电极数量一定的情况下，分辨率和成像深度（测线长度）二者不可兼得。通常，最佳的图像分辨率约等于电极距。只有在电极下方的浅层区域可以获取最佳分辨率，分辨率随着深度的增加而逐渐降低。最大调查深度取决于测线长度。如果电极的跑极序列设计良好，并且电极排列包含最大电极距，则最大深度的数值可以粗略估计为测线长度与某个系数的乘积（如 0.75）。这种估计是按理想均匀地层进行的假设，如果场地电阻率分布情况未知，探测深度会相应打些折扣。

建立电阻率地块概念模型（conceptual site model，CSM）有利于评价图像分辨率和探测深度。首先，基于 CSM 建立人工预设电阻率分布（图 5-3）。地下地质和目标的所有可用信息用于构建模型。在为目标和地质单元指定电阻率值时，可以综合考虑钻孔记录、地下水地球化学数据和不同地质材料典型电阻率值。正演模型计算生成一个受现场代表性噪声干扰的合成电阻率数据集，以便模拟从实际的现场调查中获得的数据。然后对模型进行反演（图 5-3），以评估如何设计探测可以获取最多的信息以满足项目目标。

在图 5-3 所示的示例中，概念模型为底部基岩，上层为松散土壤的地质层，假设存在 DNAPL 和 LNAPL 污染羽。根据现场地质和污染物的电阻性质估算在地下可能的分辨率。根据假定的电阻率性质，潜水面以及基岩的界面均可很好地被识别出来。LNAPL 可能会被识别到，但无法检测到深度的 DNAPL。该示例突出了电阻率成像固有的低分辨率特性（Day-Lewis et al.，2017）。

5.2.3　数据处理及可视化

对现场获得的电阻率数据集进行反演处理，以便获得地下实际电阻率分布。通常，地下电阻率模型中包含的参数比测量得到的数值多。因此，反演模型对电阻率结构的解不唯一。对模型结构的附加约束有利于模型或图像反映合理的电阻率结构。目前最常见的约束称为平滑反演或平滑约束反演，生成的模型具有平滑的物理性质变化（Groothedlin and

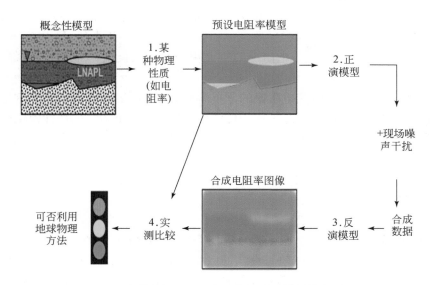

图 5-3　在特定场地开展电阻率探测效果评估流程图

Constable，1990）。

　　反演方法涉及一种迭代方法，在这种方法中，使用一个数学模型来最小化基于地球合成结构的数值正演模型的现场测量值和模拟值之间的差异。数值正演采用有限差分或有限元模型。参数持续迭代，直到这些差异小于定义收敛标准的指定值，此时可以认为估计模型接近真实的地下电阻率分布。为了保证反演结果的合理性，可采用多种方法来评估输入数据的质量和图像反常结果，并识别出异常区。

　　对 ERI 数据的解释是精细化场地概念模型技术方法的重要组成部分。对 ERI 数据的解释应综合考虑现场用其他方法获取的信息。

5.2.4　质量控制

　　在野外电阻率数据采集过程中，应进行充分的质量控制检查。通过多次重复单个测量来评估设备响应的可重复性。通过供电电极对和测量电极对的切换，以倒数测量对现场测量误差进行更稳健的量化。互易原则规定，正常测量和互易测量得到的数据必须相同。正测量和倒数测量的差异提供了对测量误差的严格估计（Slater et al.，2000）。这些误差取决于多种因素，其中一些误差可以在实地调查期间解决，其中一个因素是电极的接地电阻。接地电阻限制了流入地面的电流，从而限制了记录电压的大小。接地电阻高的原因包括电阻接地不良、电极放置和插入不当以及电极和电阻率仪器之间接触不良。大多数电阻率仪器都可以在开始测量前测量接地电阻。可以通过在电极处浇灌盐水降低接地电阻。

　　数据质量也可能受地下埋藏的基础设施，特别是电力设施影响。需要充分调查场地，特别是在棕地或工业综合体地下是否存在公用设施。识别公用设施的位置有助于排除因其引起的电阻率图像中的异常结构。

　　准确记录电极位置是另一个重要的质控因素。电极通常以等间距布置，但有时受限于现场条件无法实现。当现场条件要求电极与标称间距偏移时，应记录精确的电极位置。不记录精确的电极位置在反演期间会导致模型错误。如果地面明显不平，也应该记录地形，特别是当坡度大于 10% 的时候，电阻率数据建模应考虑更陡峭的地形。现代的商业 ERI 软件都支持地形校正。

图像解读对于评估地下真实电阻率的分布非常重要；明确调查深度以确定地下分辨率良好的区域。在数据处理阶段，测量实测现场数据与使用电阻率结构估计模型确定的合成数据之间的差异是简单但经常被忽略的质控因素。如果该失配标准没有充分最小化，则产生的图像不能达到最佳效果。

5.2.5 技术限制

尽管 ERI 的应用范围很广，但有部分从业者夸大了 ERI 的效果，宣称其是一种直接探测到 NAPL 的工具。虽然经合理地假设，可以检测到形成连续、大范围、短期内泄漏的 NAPL，但 ERI 不太可能直接检测到地下泄漏时间较长的 NAPL。NAPL 一般会使地下土壤电阻率变高，但微生物降解 LNAPL 产生的有机酸令矿物表面风化，从而导致孔隙流体中离子浓度增加，这可能会使地下电阻率降低。在低渗透性介质中，电阻率似乎与 LNAPL 和 DNAPL 分布相关。截存 NAPL 的低渗透性介质是典型的细粒度材料，具有良好的导电性且易于识别。

ERI 相对较低的分辨率是一个容易被忽略的限制。为获得有意义的图像有必要进行结构平滑处理，由此导致一些小尺寸的异常可能无法显现。当电极位于地表时，分辨率随着深度的增加而急剧降低，因此最佳分辨率仅适用于厚度约等于电极间距一半的第一层地层。由于分辨率会随着深度而降低，在深处显示出许多异常图像的可信度不高。深处的异常一般是由噪声数据集的反演和对模型结构施加的不适当约束造成的。类似地，在深处包含强横向对比度的图像（在深度处的图像中的垂直接触），很可能是由于修改反演设置而产生的伪影。

在解释标准二维测量的电阻率图像时，另一个常见的错误是用二维地下结构图像直接推测电阻率的三维分布。这种推定一般假定电阻率在水平方向没有变化。尽管在某些情况下这种假设是合理的（如垂直于管道的横断面或充满沉积物的山谷），但在较复杂的实际情况下，生成的图像不能完全反映实际情况。

5.3 探地雷达

GPR 是一种高分辨率电磁技术，在过去 40 多年中发展起来，用于研究环境、工程和考古领域的地下环境（Radzevicius and Daniels, 2000）。GPR 天线向地下发送脉冲形式的高频宽带电磁波，电磁波在地下介质传播的过程中，当遇到存在电性的目标体时，如空洞、分界面，电磁波会发生反射，返回到地面时由接收天线所接收；对接收到的电磁波进行信号处理与分析，根据信号波形、强度、双程走时等参数来推断地下目标体的空间位置、结构、电性及几何形态，从而达到对地下隐蔽目标体的探测。GPR 是一种受到广泛认可的地下成像和表征工具，探测效果取决于现场条件。

由于频率范围很广（中心频率通常介于 10 ~ 1500MHz），探地雷达具有很高的横向和垂直分辨率，通常超过其他地表地球物理方法。雷达波频率越高波长越短，分辨率越高但探测深度越小。使用探地雷达可以在野外快速探测大片区域。在合适的条件下，探地雷达是一种高效且可靠的高质量二维和三维数据源。探地雷达的实时探测能力令使用者能够定性地解释结果，以评估现场条件，并根据需要调整测量方法等。

探地雷达可以探测到地下介质电磁特性的变化，如介电常数、电导率和磁导率等受土壤和岩石特性、含水量和体积密度影响的物理量。介电常数是描述介质材料存储电荷能力的物理量，表征介质材料因电场引起的电位移而极化的能力，单位为 F/m。在实践中使用相对介电常数更为方便，相对介电常数是介质材料介电常数与真空介电常数的比值，无量纲（Annan，2003）。地质材料的相对介电常数从空气的 1 到水的 80 左右（取决于温度）不等。固体矿物或岩石具有较低的相对介电常数（小于 10）。沉积物和岩石的相对介电常数随孔隙度和含水量的不同有所差异。低孔隙度岩石和干燥松散沉积物相对介电常数较低，而多孔岩石和饱和沉积物具有较高的相对介电常数（Everett，2013；USEPA，2018b）。

由于水与固体矿物之间的介电常数有较大的差异，固体矿物的含水率对其介电常数有较大的影响，这种变化可以用探地雷达探测得到。探地雷达接收端记录电磁波在地下传输的时间通常以 Ns（10^{-9}s）表示（Radzevicius and Daniels，2000；USEPA，2016d）。电磁波在空气中的传播速度为 0.3m/Ns（光速），在地质介质中的传播速度小于 0.3m/Ns（Radzevicius and Daniels，2000；USEPA，2016d）。含水率和孔隙度的突变通常是导致反射信号的主要原因。反射的电磁波信号由仪器的接收天线捕获，并记录其振幅、波长和双向传播时间，以进行处理和解释（Dojack，2012）。短波（高频）可以实现对界面和物体的高分辨率识别（Radzevicius and Daniels，2000）。

由于影响电磁波穿透、反射和散射的变量很多，GPR 通常用作浅层（深度<30m）地下空间特征的表征工具。提供 GPR 服务的供应商应配备多个不同频率的天线，以便在必要时可以根据现场具体情况进行灵活调整。例如，使用 100MHz 的天线在组分单一、干燥的沙子中可以穿透 18m，并且能够识别出 6m 深处直径 0.6m 的管道。在相同的介质条件下，1000MHz 的天线只能穿透 2m，可以分辨出埋深较浅的金属丝网以及 2m 深处的直径 0.48cm 的软管（US Radar，2019）。探测深度和分辨率之间的取舍问题需要谨慎研究，在 5.3.4 节有更详细的讨论。

5.3.1 使用

GPR 设备通常包括雷达控制单元、发射和接收天线、电子设备和记录设备（图 5-4）。发射和接收天线是分离的；雷达控制单元以每秒数千次的频率向发射和接收天线发送同步信号。天线表面通常会做屏蔽处理，以最大限度地保证与地下目标之间的信号强度，减少发射器和接收器之间以及散射入空气中的信号，并最大限度地排除外部噪声（Annan，2009）。该系统采用数字控制，数据以数字方式记录以供后续处理和显示。探地雷达系统包括微处理器、内存和数据存储器。

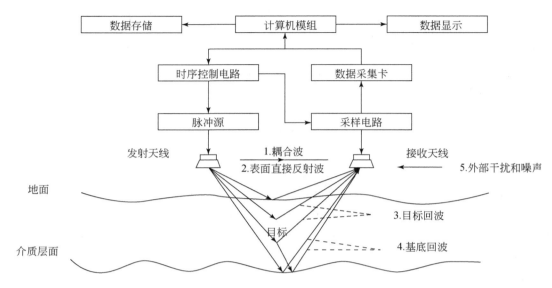

图 5-4　探地雷达系统的构成与工作原理

最常见的 GPR 部署类型是反射剖面测量。使用两个天线每次在地面上移动固定的距离时，都会发射、接收和记录雷达波（USEPA，2018b）。GPR 通常沿线性断面布设。横断面的数量受预期电磁波在地质环境中传播情况的影响。通常在一个方向上完成一组剖面，然后在垂直方向上完成另一组，以提高分辨率。因为反射的电磁脉冲仅覆盖一个垂直剖面，因此可能会错过与剖面平行排列的对象（如管道）。汇总并综合分析每条测线的剖面情况可以更完整地解释地下情况。

GPR 在地质研究中的应用包括识别基岩深度、土层深度和厚度、地下水位深度以及基岩中空洞或裂缝的位置（USEPA，2016d，2018b）。探地雷达的应用还包括定位地下结构，如管道、圆桶、废弃填埋物、储罐、线缆、暗沟、填充材料、未爆武器（UXO）和弹药。GPR 也可用于土壤调查、道路铺设和沥青等工程项目的质检（Annan，2009）。此外，当污染物将地下介质的介电常数改变到可检测的程度时（如高于数据中的背景噪声），GPR 可以用于检测地下污染物。例如，一种常见有机溶剂三氯乙烯的相对介电常数为 3.42，而空气为 1.0，水为 78（温度 25℃下），如果这种污染物在地下充分置换了地下水，则该地下区域的相对介电常数会发生明显变化（Knight et al.，1997）。类似地，液体的不混溶相（如 NAPL）的存在可能比相同介质中的溶解相产生更大的介电常数变化。当 NAPL 置换孔隙水时，介质中的电导率和介电常数降低，这意味着电磁波传播速度增加，衰减减小（Redman，2009）。在实际操作中，适用 GPR 的通常仅限于最近泄漏至地下的 NAPL 检测（未严重老化或风化的 NAPL）。

GPR 最适用于探测以干燥的介质为主的地下环境，如砂和砾石。高导电性土壤和盐水对 GPR 应用极为不利，因为电磁衰减的可能性很高。由于大多数工业场地的浅层地下经常存在黏土（高导电性），所以大多数环境调查的穿透深度可能小于 30ft（约 10m）

（USEPA，2016d）。

5.3.2 数据采集设计

当开始构建场地概念模型时，GPR 通常是现场使用的首批工具之一。场地中存在可以衰减电磁波能量的许多因素，如果在调查设计中没有很好地理解和解决这些因素，将降低 GPR 的有效性。在开展 GPR 应用之前，应了解以下三个因素：

（1）预测场地的地层和饱和度数据（包括沉积物类型、地层顺序、深度、厚度和地下水位深度）。

（2）地下公用设施和其他潜在干扰（如钢筋混凝土）的存在，包括其成分、深度的大致位置。

（3）可能限制设备部署的地面通道和干扰（如围栏、电线等）以及这些干扰的位置。

了解上述场地特征对于成功使用 GPR 至关重要。了解预期的调查深度和土壤的相对适用性可以帮助潜在的 GPR 用户改进搜索方法。例如，近地表沉积物的电导率是一个关键的考虑因素，由于高电导土壤（如黏土、高盐度土壤）会过度衰减信号，导致 GPR 通常变得无效。

其他考虑因素（Annan，2003）：

（1）无论场地的地下特征如何，目标反射的信号值是否在 GPR 探测范围内。

（2）目标反射的信号值是否会在背景噪声以上，是否能引起可检测或区分的反应。

（3）探测计划中的多个目标是否可能存在。

（4）是否有其他条件会阻止使用 GPR。

进行 GPR 探测计划必须知道所需的分辨率和评估深度。电磁波频率、数据分辨率与探测深度成反比（即电磁脉冲频率越低，数据分辨率越差，但探测深度越大；反之亦然）。评估 GPR 分辨率的两个常用经验法则是：①分辨率可近似为调查的最大深度除以 100；②如果实际目标深度大于最大探测深度的 50%，则无法通过 GPR 识别（Annan，2003）。此外，在探测地下公用设施时，能够探测的管线直径为 1/12 埋深（如位于地面以下 4ft 的最小直径为 4in 的导管）。

GPR 数据的采集有两种方式：移动模式和固定模式。在移动模式下，发射器和接收器保持固定距离，并沿一条线一起移动以产生剖面（Daniels，2000；USEPA，2016d）。设备接收到信号到记录到信号之间的间距必须考虑待测目标及其大小（Daniels，2000）。这种模式具有快速数据采集的优势（图 5-5）。

在固定模式下，发射天线和接收天线分别移动到不同的点进行离散测量。发射电磁波，打开接收器接收并记录信号，然后关闭接收器（Daniels，2000）。通过记录的测量值，创建一个轨迹，即电磁脉冲从发射器到接收器传播的时间历程。这种模式劳动强度更大，但比移动模式具有更大的灵活性。

5.3.3 数据处理及可视化

采集到的 GPR 数据需要迭代后处理，以便在解译之前提高数据质量。迭代后处理通

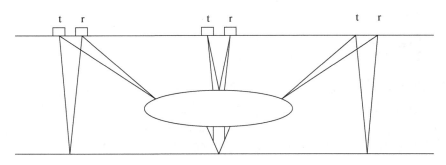

图 5-5　等间距测定法

t 和 r 分别为信号发射器和信号接收器

常使用专业软件进行，应由受过培训的专业人员操作。由于数据处理通常包含更高程度的解释偏差，因此处理数据的人员所做的参数设置十分重要。

记录的 GPR 轨迹必须从双向走时转换为深度。双向走时是指电磁波穿过地层并（在遇到反射物时）反射至地面所需要的时间。电磁波的传播速度是通过将电磁波在真空中的传播速度（3×10^{8} m/s）除以地下材料介电常数的平方根来计算的。根据已知的数值或通过专业判断传播速度，将其乘以双向走时的一半即得到等效深度。

GPR 数据所呈现的目标是描述一个近似地下和任何异常位置的可视图像。GPR 的结果往往包括不明显的边界。这些不明显的边界代表了地下不同介质之间渐近的边界，可能使 GPR 数据解释复杂化，如不均匀填充材料或地下水位（Annan，2003）。进行数据解释时应对这些不明显的边界予以仔细考虑。为了得到有用的、准确的地下数据的 GPR 图像，需要进行大量的数据滤波处理。对记录的电磁波进行校正，以考虑几何扩展引起的衰减效应、去除使记录波形失真的低频能量以及地形的影响。更复杂的处理包括一个称为偏移的步骤，以校正来自仪器下方非垂直界面的反射的位置。

GPR 的显示通常以二维剖面图显示，显示反射的走时。图 5-6 中反映的是地面距离（x 轴）与深度走时（地表以下深度的替代值，y 轴）的关系。图 5-6 给出了一个地块地质二维图像示例，此图还显示了局部近地表金属对 GPR 探测的干扰。

对于 GPR 数据集的另一个常用表示方法是使用 3D 图表示。如图 5-7 所示，3D 图中可以显示不同水平或切片下电磁能量的相对振幅，对于识别和区分地下特征非常有用。但对于非专业人员来说，读懂 3D 图挑战性更大。为了使 3D 图像发挥出其应有的用途，应仔细分配振幅的颜色范围，并尽量使用最少的颜色数量以增强对比。此外，显示的视角也是一个需要考虑的重要方面。

5.3.4　质量控制

质量控制程序适用于 GPR 野外探测现场和数据处理解释过程。在现场应通过测试获得适合现场的最佳系统设置。应在现场日志详细记录系统设置和现场程序以及对其中任何一项的更改。记录测量时会影响测试数据的现场条件（如天气、环境条件）。设备校准通

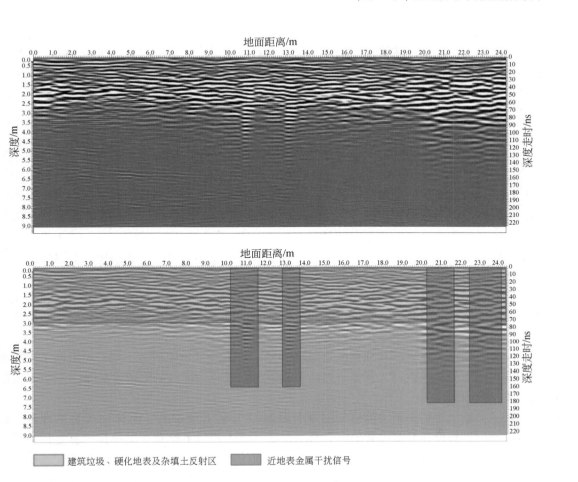

图 5-6　地质地雷达测量示意图

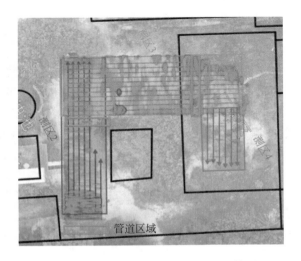

图 5-7　某地块管道三维探地雷达立体图

常按设备制造商的规范进行。在使用前和使用期间应进行操作检查，还应记录为修复设备或解决问题而采取的纠正措施。现场需尽快审查数据，以便必要时重新进行扫描。在同一测线重复测量以确认系统正常运行是一种良好的做法。

5.3.5　技术限制

GPR 具有深度限制，具体取决于地质构造电性的差异和对电磁波的吸收性。这些因素会产生由电导率、介电常数和散射引起的信号损耗。GPR 调查的深度很大程度上取决于信号传播到地层时电磁波能量的衰减率。在某个距离处，衰减过大使信号水平低于电磁噪声水平，此时无法获取该深度的有效信息。电磁波的衰减主要是因为电磁波能量转换为热能，这种效应随着土壤、岩石和流体的电导率增加而增加。衰减率决定了 GPR 仪器在某个部位的穿透深度。在岩石和土壤中，饱和度、孔隙流体的组成（如溶液中的游离离子）、黏土矿物和土壤类型对地下介质的电导率及电磁波的传播能力有很大影响。

另外，现场条件通常会妨碍 GPR 达到其最佳性能。场地地下水的离子强度和黏土沉积物的厚度降低了信号穿透深度。一般来说，在干燥沙质或岩石土壤中的信号穿透能力最强，在潮湿黏土和导电土壤中的信号穿透能力较差。

同样，现场存在表面和埋藏的导电（金属）碎片会严重阻碍地下调查。混凝土中的钢筋、埋在地下的铁路轨道，甚至金属地下储罐都会吸收大部分的电磁波能量，只有很少的电磁波反射回地面。

最后，场地是否平整无障碍的问题会限制 GPR 的有效部署。GPR 设备必须在研究区域内移动，尽管设备是便携式的，并且通常由一个人通过手推车手动推送，但是树木繁茂的场地、拥挤的区域或严重倾斜的区域可能会阻碍 GPR 的使用，也会产生空气波干扰的问题，因为地表的物质会反射电磁波信号，然后被接收器捕获。架空电线、电话杆、墙壁、围栏和车辆也可能产生空气波反射（Annan，2003）。

5.4　电　磁　法

电磁感应法（简称电磁法）是以交变电磁场为基础的地球物理方法。该方法是以地壳中岩、矿石的导电性、导磁性和介电性差异为基础，通过观察和研究人工的或天然的交变电磁场的分布规律（频率特性、时间特性和空间特性）来寻找矿产资源或解决水文、工程、环境及其他地质问题的一类勘探方法。法拉第电磁感应定律估计磁场如何与电流相互作用以产生电动势；安培定律指出电流会产生磁场。这两个原则共同体现了最基本的电磁现象：变化的磁场将导致变化的电场，从而产生另一个变化的次级磁场。当电流感应到地面（导体）时，会产生变化的磁场。电流的感应根据地下的成分而变化，次级磁场提供关于地下 EC（电阻率的倒数）的信息。电磁（EM）法的主要目标是从测量数据中获取此信息，并将其转换为地下的电阻率或 EC 图像。

本节介绍两组工具：频率域电磁（frequency domain electromagnetic，FDEM）法勘测和时间域电磁（time domain electromagnetic，TDEM）法勘测。FDEM 在多个频率下测量地下的电磁响应，以获得关于电导率随深度变化的信息。TDEM 勘测则在脉冲波发射后关闭发射源，再测量地下的二次场电响应。

5.4.1　使用

1. FDEM

FDEM 仪器由发射器和接收器组成，使用线圈和地下导体之间的电感耦合来识别地下目标（图 5-8）。初级交流磁场产生电流（称为涡流）对地下的良导体进行激发，产生涡流效应，该涡流效应在其所在的空间产生具有交变电磁场的次级磁场。FDEM 仪器的接收器线圈测量合成场（初级和次级磁场的矢量和）。FDEM 仪器通常有两种配置。一种配置有两个线圈，它们由一个发射器线圈和一个接收器线圈组成，每个线圈由一个人携带。接收器线圈接收初级和次级磁场。第二种 FDEM 配置包括一个装有发射器和接收器的仪器，通常与计算机和定位设备［如全球定位系数（GPS）］一起使用。

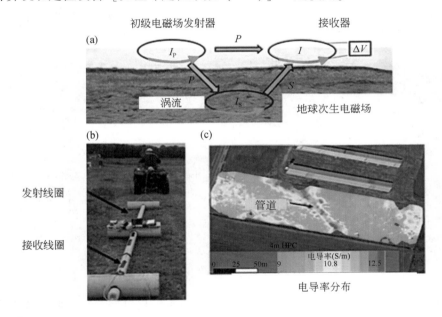

图 5-8　FDEM 仪器组件

大多数 EM 设备都可以测量电磁场的同相分量和正交分量。常见的 FDEM 系统测出的正交分量与 EC 成正比，这时仪器通常被称为地电导率仪。仪器记录表观 EC，通常以 mS/m 为单位。同相分量是次级磁场与初级磁场的比值，以千分之几为单位，是一个与金属含量紧密关联的指标。

FDEM 系统通常用作初探工具来指导更详细的地表地球物理调查。仪器与地下的电感耦合意味着无需直接接触地面即可快速获取测量值，从而可以快速有效地收集与地下电导率和磁化率相关的数据。FDEM 法勘测通常用于地下的横向地质和水文地质剖面的探测、污染物羽绘制、填充和废物描述，以及定位储罐和埋地桶、埋地结构和地下公用设施。

2. TDEM

TDEM 测量地下 EC 的变化。EC 与地下材料的多种物理和化学特性密切相关，包括粒度、质地、孔隙度和离子含量（盐度）。TDEM 测量与时间相关的电磁波振幅信号，该信号以电流脉冲形式传输（如通过快速关闭电流），在初级磁场消失后（仅在次级磁场存在的情况下）进行测量。

TDEM 仪器由发送和接收电信号的发射器和接收器组成。电流通过未接地的回路（不需要与地面直接接触）产生磁场，进而在地下产生涡流。涡流取决于层的次表面电导率和几何形状，并使用感应线圈进行测量［图 5-9（a）］。电流在导电材料中的扩散更慢。

瞬变测深是通过在地面放置方形线圈进行的。将线圈连接到发射器，并将接收器线圈放置在发射器回路的中间。接收器线圈连接到接收器，接收器连接到发射器以保证发射器与接收器的同步［图 5-9（b）］。TDEM 数据记录在称为门（gate）的时间窗口中完成。发射器电流关闭后，门限从几微秒到几十甚至几百毫秒不等。门按对数排列，增加时间长度以提高后期的信噪比，这些后期的信号提供了更深层次的信息。

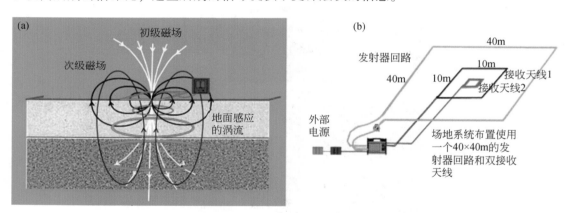

图 5-9 带有 WalkTEM 系统的双中央接收器线圈示例

TDEM 设备可以悬挂在飞机（固定翼或直升机）上，也可放置在地面或在地面移动进行勘测，或由船拖曳进行水上勘测。TDEM 地面排列有更大的发射机环路，从而增加测量深度。由于地面移动阵列可以覆盖相当大的区域，通常用于矿产勘探以识别导电矿体或其他大型项目。用于环境研究的 TDEM 系统探测深度可达 300m（Sorensen and Auken，2004；Christiansen and Auken 2012；Auken et al.，2017）。

5.4.2 数据采集设计

1. FDEM

FDEM 调查通常用车载或人力负载设备沿均匀间隔的网格状测线移动进行探测。数据的横向分辨率由数据采集点的间距决定。因此，应根据所需目标的大小选择样带间距。例如，对于垃圾填埋场或污染羽的划定，横断面间距可以更大，而对于埋藏金属碎片识别，横断面间距可以更小。

发射器和接收器线圈之间的距离影响检测深度和数据分辨率。线圈间隔越大检测深度越深，但数据分辨率也越低。更大的探测深度对于分析地质和水文地质特征或识别不需要高分辨率结果的大尺度特征很有用。若需保证高分辨率剖面的特征（如埋地设施或土壤类型的微小变化）则应以较小的线圈间距收集，但有效探测深度较浅。通常，0.3m 的线圈间距具有 0.4 ~ 0.5m 的有效勘探深度。

仪器方向（垂直偶极子模式或水平偶极子模式）会影响检测深度。在垂直偶极子模式下，以更大的深度和更低的分辨率收集同相和正交相测量值。在水平偶极子模式下收集的测量值更浅，分辨率更高。

FDEM 仪器通常由一个发射器和一个接收器组成，它们同时收集同相和正交测量值。较新的 FDEM 仪器具有多个接收器线圈（以不同的间隔和方向），可以同时测量多个深度范围内的同相和正交相分量。

2. TDEM

TDEM 数据可以以矩形网格模式（如在网格节点处读取的读数）沿导线或剖面收集。调查配置是特定于钻孔站点的，取决于钻孔站点条件以及目标的大小和方向。例如，在大场地测绘或搜索埋藏的金属物体，应采用网格配置，绘制断层线或地质接触需要完成剖面图，将剖面垂直于已知或预期的地质结构放置效果最佳。轮廓的长度和网格尺寸是进行有效调查的关键参数。建议将数据收集的范围扩展到足够远，超出导电目标从而获得背景水平。对于机载 TDEM，飞行速度是横向分辨率、测绘深度和成本之间的权衡。低飞行速度提供高数据密度、改进的横向分辨率和更高的测绘深度，反之亦然。

为达到所需的测绘深度和分辨率，应确定发射机边长的大小和回路承载的电流量。通常，大多数 TDEM 系统都配备了在数据采集期间在现场使用的软件。在该软件中，可以在现场更改天线环路尺寸、栅极时间、电流、电力线频率（如欧洲为 50Hz，美国为 60Hz）以及电磁数据中的噪声源等输入。通常，需要更长的时间来研究更大的深度。

在数据采集期间获得适当的探测间隔对于确保高横向分辨率很重要。例如，如果要调查导电污染物羽流，则羽流内应设置多个钻孔站点。还应调整烟羽疑似边缘附近的探测间隔，以准确解析电导率梯度。通常，空间采样密度越高，横向分辨率就越高。与其他地球物理调查一样，应注意监测井、财产线和潜在的文化干扰源等要素，还应收集表面形貌以帮助解释数据。

5.4.3 数据处理及可视化

1. FDEM

FDEM 调查得出的数据应仅用于定性。一般来说，数据文件需要在数据收集后第一时间从现场计算机下载获得。另外，在调查期间需要根据所用仪器的类型和型号考虑是否将 GPS 测量值合并到数据文件中。获得数据文件后便可以使用各种软件程序处理数据并评估数据质量，接下来将评估过的数据插入到实际测量点之间，最后经过处理的数据就能以彩色轮廓平面图的方式显示出来。来自多频 FDEM 仪器的数据可以被反演，以在整个钻孔站点的 EC 中产生 2D 或 3D 变化。

图 5-10（a）展示了配备地形电导率计、差分 GPS、地表水质量探测仪器和 EM 设备的桨船在开展 FDEM 调查工作，图 5-10（b）为来自上方的沉积物的 EC 插值图像（12000个数据点），直接表征从沉积物样品中提取的孔隙流体电导率。如图 5-10（b）所示，从沉积物的高 EC 可清晰展示湿地东北部垃圾填埋场的羽流对沉积物的影响。

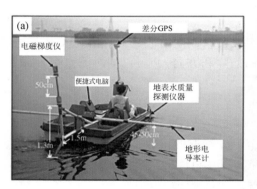 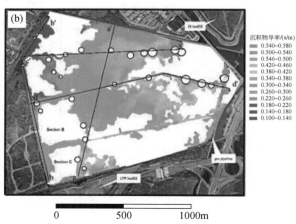

图 5-10　FDEM 调查绘制了受垃圾填埋场渗滤液羽流影响的湿地电导率变化的示例

2. TDEM

TDEM 系统允许用户以最少的预处理在现场可视化获取数据。为了准确呈现和解释地下模型，必须执行原始数据的噪声去除和反演。为了为地球物理反演和解释准备采集数据，必须去除失真或嘈杂的数据，并对数据进行平均以提高信噪比。解释测深数据时应使用地形或海拔的变化。考虑地形或海拔将为地下特征提供更准确的深度，如整个探测过程中的地下水位界面。

通过目视评估数据，手动去除嘈杂或失真的数据。一旦原始数据相对没有噪声，数据就会被平均以形成用于反演的测深。平均对于提高信噪比至关重要。在不同的处理软件中可以使用各种平均方法。平均滤波器宽度的范围可以从小到大。在信噪比良好且优先考虑横向分辨率的情况下，较小的平均滤波器宽度是优选的；较大的平均滤波器宽度可提高信噪比，尤其是在优先处理噪声数据或绘制更深地质结构图时。

处理后的 TDEM 数据的反演通常使用计算机算法进行。目前，先进的计算机软件允许将处理后的 TDEM 数据自动反演为分层地球模型。反演结果通常表示为二维横截面、等高线图和平均电阻率图。例如，以网格格式获取的 TDEM 数据的反演结果应显示在详细的、缩放的二维剖面图和等高线图中，用缩放的二维剖面图（地图上显示的导线）指示等高线间隔。显示目标特征的异常电阻率区域（如可能的鼓形掩埋区域或污染物羽流区域）也应在等高线图上标出。这也与仪器（系统技术规范）、现场操作以及可能影响数据质量的现场条件和问题相关。

地球物理数据总是由两个数字组成——测量本身和测量的不确定性，因为测量数据包括地球响应和背景噪声。在 TDEM 测深中执行单个瞬态时，信号可能会受到噪声源的显著影响。一些噪声源，如闪电和通信设备，可以通过重复测量（如叠加）来有效降低噪声，增强信号。其他噪声源，如人造结构（高压电力线、围栏、管道、电缆）可能会淹没接收器并导致数据无法使用。在这些情况下，调查应在远离噪声源的地方进行。

5.4.4 质量控制

1. FDEM

大多数 FDEM 仪器需要在数据收集之前进行校准，通常每天校准一次以上，以避免在延长的数据收集期间发生显著的数据漂移，且应使用标准化的表格和程序记录仪器校准。

测量模式和方向会对内插数据结果产生影响。例如，首选收集垂直于线性异常（如公用事业）的数据，同时首选以横断面模式而非曲折的非线性模式收集数据。定期下载数据并检查质量问题是一种很好的做法。调查期间应记录现场条件和显著特征。

几种不同的数据插值方法都可以用于处理 FDEM 数据，但是没有一种固定合适的插值方法，需要考虑各种条件再确定最合适的方法。质量控制（QC）可能包括审查每日静态测试数据以验证校准结果、数据可重复性和可靠性，并应考虑 GPS 和线圈之间的空间变化。电子延时也在数据处理和漂移过程中得到纠正。

用于处理来自多频 FDEM 仪器的反演数据的 QC 可能包括审查反演失配和反演参数的稳健性以及将反演结果与验证数据进行比较。

2. TDEM

质量保证（QA）/QC 检查必不可少，应在数据收集之前、期间和之后进行。在测量之前，应校准 TDEM 系统以建立绝对时移和数据水平，以促进精确建模。先前的钻孔站点信息（如现有钻孔或其他参考模型）可用于在校准建模期间校正水平和漂移。在勘测之前进行这些更正可确保在估计深度和绘制近地表特征时获得准确的数据。

在勘测之前，还应该对现场附近、周围和掩埋的基础设施进行清查。基础设施是 TDEM 数据中的主要噪声源，会对数据质量产生不利影响。应避免在距离潜在噪声源

100m（328ft）范围内平行规划 TDEM 剖面。

现场数据处理和可视化对于识别隐藏的噪声源以在最终数据处理期间去除至关重要。数据收集后，必须将读数作为 QC 过程的一部分进行评估。当发射器和接收器线圈之间的中点在金属栅栏、管道、电力线或其他文化噪声源的四个线圈间隔之内时，读数应被视为不准确（除非另有规定）（NJDEP，2005）。

5.4.5　技术优势及局限性

1. FDEM

使用 FDEM 技术（相对于电流电阻率测量）的优点包括相对快速和轻松地收集 EM 场测量值、可以通过步行或将装置装载于低速行进车辆的方式完成非侵入式数据收集。一般来说，FDEM 在采集连续测量得到的数据时可以提供高质量的横向分辨率，分辨率由发射器和接收器线圈之间的间距以及测量之间的间距决定。

当 FDEM 的使用超出其限制或操作员不了解该方法的物理限制和缺点时，通常会误用此工具。当在金属物体、围栏和电力线附近进行测量时，FDEM 法勘测非常容易受到干扰（噪声）的影响。要考虑的限制包括：

（1）地质和文化干扰（公用事业、金属围栏、电力线）。

（2）检测限深度。

（3）数据分辨率预期（通常，深度越大分辨率越低，深度越浅分辨率越高）。

（4）调查设置不充分或数据收集质量差。

（5）数据处理和插值需要专业知识。

（6）某些方法的大量劳动。

（7）调查方法之间数据分辨率的差异。

2. TDEM

与其他直流方法相比，TDEM 法勘测的主要优势在于它提供了高横向分辨率、更深的穿透深度和更密集的数据覆盖范围。此外，TDEM 是非侵入性的，是能够解析地下三层或更多层的勘探方式。最后，机载 TDEM 法勘测可以快速执行，并且可以在相对较短的时间内产生大量数据。

第6章 遥 感 技 术

6.1 遥感技术的选择及应用

遥感是 20 世纪 60 年代发展起来的对地观测综合性技术。遥感一词来自英语 remote sensing，即遥远的感知。广义理解，泛指一切无接触的远距离探测，包括对电磁场、力场、机械波（声波、地震波）等的探测。但在实际工作中，重力、磁力、声波、地震波等的探测被划为物理探测的范畴。因而，只有电磁波探测属于遥感的范畴。狭义理解，遥感是应用探测仪器，不与探测目标相接触，从远处把目标的电磁波特性记录下来，通过分析，揭示出物体的特征性质及其变化的综合性探测技术。

遥感系统一般包括信息源、信息的获取、信息的记录与传输、信息的处理和信息的应用五大部分。

（1）信息源：探测目标物反射、发射、吸收的电磁波是遥感的信息源。

（2）信息的获取：依赖于传感器和遥感工作平台。传感器是指收集和记录地物电磁辐射（反射或发射）能量信息的装置，如可见光谱摄影机、多光谱摄影机、激光雷达等。遥感工作平台是指装载传感器进行遥感探测的运载工具。根据遥感平台的不同，遥感可分为航天遥感、航空遥感和地面遥感。航天遥感主要包括火箭、人造卫星等；航空遥感主要包括飞机、无人机、气球等；地面遥感主要包括遥感车、地面观测台等。长期以来，遥感技术以卫星遥感和载人航空遥感为主要手段获取数据，但其空间分辨率较低、重访周期较长、时效性较差。就污染地块尺度的环境表征而言，响应快速、图像分辨率高、灵活性强的无人机遥感（航空遥感的一种，unmanned aerial vehicle remote sensing，UAVRS）技术更为适宜，实际应用也更为广泛。因此，本书重点介绍无人机遥感。无人机工作平台包括固定翼、旋翼等；无人机搭载的传感器包括可见光谱摄影机、多光谱和高光谱摄影机、长波红外摄影机以及激光雷达等。除传感器外，根据实际工作需要，无人机还可能搭载复合气体检测仪、$PM_{2.5}$ 检测仪等任务载荷作为环境污染数据的获取手段，但该类任务载荷用在大气、水环境监测领域较多，污染场地领域应用相对较少。

（3）信息的记录和传输：传感器接收到目标地物的电磁波信息，记录在特定介质上，继而被回收、存储和传输。无人机遥感记录的信息主要包括视频数据、影像数据和定位定向数据等。数据传输系统分为空中和地面两部分，均包括数据传输电台、天线、数据传输接口等，主要用于地面监控站与飞行控制系统以及其他机载设备之间的数据和控制指令的传输。

（4）信息的处理：遥感信息处理是指通过各种技术手段对遥感探测所获得的信息进行的各种处理。例如，为了消除探测中各种干扰和影响，使其信息更准确可靠而进行的各种校正（辐射校正、几何校正等）处理；为了使所获遥感图像更清晰以便于识别、判读、提取信息而进行的各种增强处理等。处理后再转换为用户可使用的通用数据格式以供用户使用。无人机遥感数据处理内容一般包括格式转换、位置匹配、辐射定标、几何校正、影像拼接与镶嵌、融合、分类、信息解译、统计分析等。

（5）信息的应用：是遥感的最终目的。污染场地利用无人机遥感技术可快速获取场地及其周边的高分辨率环境特征。

特别地对于无人机遥感而言，一般还包括导航与飞行控制系统、地面监控系统等。

（6）导航与飞行控制系统：是保证无人机以正常姿态工作的系统，包括飞控板、惯性导航系统、GPS 接收机、气压传感器、空速传感器和转速传感器等部件。无人机飞行一般采用设定航线自主飞行和手动控制两种模式，导航与飞行控制系统性能的好坏，将直接影响遥感数据的采集质量的高低。

（7）地面监控系统：该系统用于应对无人机遥感飞行的意外状况，如发动机机械故障、无人机失速、机载电池电压不足等。地面监控系统由无线电遥控器、地面供电系统、监控计算机和监控软件等部分组成，用来时刻监视无人机的工作状态，记录飞行数据，在意外状况出现时发出报警提示，向导航与飞行控制系统发送控制指令等。

无人机技术的发展具有悠久的历史。1909 年世界上第一架无人机在美国试飞。其后经过多轮技术革新，尤其是进入 21 世纪后，无人机研发制造和应用开始从军用向民用方向开放和探索。目前，全球成熟的无人机应用领域有：航空摄影、边境巡逻、精准农业、公共安全维护、低空遥感测绘、物流、空中拍摄、查证贸易索赔、植物保护、电影特效制作等。我国无人机研究起步相对较晚，20 世纪 70 年代我国才开始自主研制无人侦察机。改革开放以后开始探索无人机民用领域。2008 年以来，以"大疆创新"为代表的中国消费级民用无人机企业，依靠多旋翼无人机迅速崛起。随着消费级市场的竞争愈加激烈，一些无人机企业纷纷转向专业应用的工业级无人机领域，国内工业级无人机市场也开始出现快速增长。目前，中国参与研制和生产无人机的单位有：中国航空工业集团有限公司、中国航天科技集团有限公司、中国航天科工集团有限公司、中国电子科技集团有限公司、深圳市大疆创新科技有限公司、南京航空航天大学、南京模拟技术研究所、北京航空航天大学、西北工业大学等。无人机技术也伴随着计算机技术、通信技术、遥控遥测技术的发展，以及传感器的小型化、轻量化、数字化，电池效率的提高、数据存储的扩容等硬件革新迎来了广阔的发展空间。

相对于传统的卫星遥感和载人航空遥感而言，无人机体积小，便于现场携带，执行遥感任务起飞升降不需机场，且飞行高度相对较低，传感器与目标物中间可能引起视野遮挡和信号偏差的大气层厚度相对较薄，有利于获取高精度、高分辨率的目标物遥感数据。得益于不断进步的飞控系统和自主飞行模式，无人机可通过简单的操作实现高度智能化的起飞、盘旋、自动巡航、摄影、自动返航、故障报警等功能，人员培训等人力资源成本和设备购置等固定资产成本较低。

无人机遥感在生态环境领域的应用众多，主要包括水环境监测、大气环境监测、生态环境监测、土壤与矿山环境管理、核安全监管、环境影响评价、环境事故应急和风险防控等方面。在水环境监测领域，江苏省镇江环境监测中心利用搭载高光谱视频成像仪的无人机对镇江等重点河道开展定期巡航，并基于获取的无人机高光谱影像数据，结合地面水质钻孔站点监测数据和人工取样化验数据，训练并使用人工智能反演模型，得到流域水质分布情况。反演参数涵盖高锰酸盐指数、氨氮、浊度、叶绿素 a、总磷、总氮等，反演误差小于30%，从而实现河道黑臭水体快速普查和评价。在大气环境监测领域，生态环境部卫星环境应用中心利用搭载有高分辨率相机和污染气体监测仪的旋翼无人机在山东省淄博市齐鲁化学工业园区上空获取光学影像和 NO、CO 和 SO_2 气体浓度数据，实现重点违规污染企业及污染源的识别和监管。在土壤与矿山环境管理领域，万宝矿产有限公司利用搭载影像传感器的无人机对亚洲最大的湿法炼铜工程缅甸莱比塘铜矿进行定期全局巡航拍摄，并基于影像数据构建了矿山不同生产阶段的三维数字模型，为矿山的日常生产管理和环境变迁记录提供了详实资料。无人机遥感技术也可在 CO_2 地质封存项目中对泄漏的 CO_2 做出响应，成为 CO_2 捕捉与封存泄漏风险事故新型监测技术的有效补充。

聚焦到污染场地的环境表征方面，无人机在污染场地环境调查领域中可用于对项目范围内的地形地貌、土壤表观性状、植被生长情况、土地利用现状、水土流失情况等进行遥感调查，适用面积为 100 ~ 100000m^2。在场地土壤重金属含量预测领域，清华大学环境学院开发了一套将无人机高分辨航空成像数据与机器学习算法相结合用于预测土壤砷含量空间分布的新方法，无人机航空影像中的 RGB 波段数据，以及土壤采样点与工厂排放点源、河流、植被的距离等特征数据被提取并用于机器学习模型的开发，发现污染场地遥感影像与机器学习方法的结合可较好地预测土壤的污染风险水平。此外，无人机遥感在关闭搬迁企业地块、产企业集中治污设施周边、废弃矿山、尾矿库等典型污染场地的遥感监测和影像刻画等领域也有重要应用价值。

6.2　无人机平台

无人机平台的关键部件包括机身、推进系统、导航设备和飞行控制器及其任务载荷（如 CCD 相机等传感器）。无人机有不同的类型和配置，每种都有自己独特的优点和缺点。在为特定应用场景选择无人机时，需要了解每种类型无人机的功能和局限性。

无人机的主要类型包括固定翼、旋翼、多旋翼和混合型等。

6.2.1　固定翼无人机

固定翼无人机（图 6-1）是最节能的平台类型，通常可以比其他无人机飞行更长时间，携带更多任务载荷。固定翼无人机的主要缺点是需要一个合适的起飞和着陆点，要求场地空旷、视野好，在起降场地受限时无法发挥作用。固定翼无人机的起飞方式有滑行、弹射、车载、火箭助推等，降落方式有滑行、伞降、撞网等。其降落往往比起飞需要更多的空间。固定翼无人机的发展趋势是微型化和长航时，目前微型化的无人机只有手掌大小，长航时无人机的体积则一般比较大，续航时间可达10h。

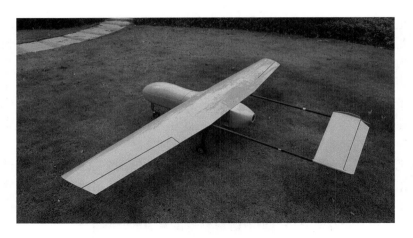

图 6-1　固定翼无人机

6.2.2　旋翼无人机

旋翼无人机（图 6-2）也称为无人驾驶直升机，与固定翼无人机相比，旋翼无人机具有更好的飞行平稳性，对起降场地的条件要求不高，旋翼的配置使其具有悬停、垂直起降等功能，适用于起降空间狭小、任务环境复杂的场合。旋翼无人机的机械结构比较复杂，旋翼叶片在每次旋转过程中都会不断改变螺距，因此操控难度较大，维护要求也更高。但旋翼无人机的一个显著优点是它们可以由内燃机或涡轮动力驱动，相比电池驱动的无人机飞行时间更长。

图 6-2　旋翼无人机

6.2.3 多旋翼无人机

主导当前无人机市场的多旋翼无人机通常具有偶数个固定转动的电动机螺旋桨，其中以四螺旋桨和六螺旋桨的配置较为常见（图6-3）。向某一方向转动的螺旋桨产生的扭矩被向另一方向转动的螺旋桨产生的相反扭矩抵消。多旋翼无人机可通过改变电机速度实现俯仰和滚动，通过改变螺旋桨的速度以在所需方向上产生不平衡扭矩来实现偏航。多旋翼无人机的机械构造比较简单，只有四个移动部件，取而代之的是不断发展进步的电子设备和软件，使多旋翼无人机具备可靠的性能且易于操作。多旋翼无人机通常由电池供电，不太适合燃料动力，其飞行时间通常少于30min。

图6-3 多旋翼无人机

6.2.4 混合型无人机

混合型的无人机将旋翼的垂直升降能力与固定翼更为强大的向前飞行能力相结合（图6-4）。有些混合型的无人机使用单独的多旋翼机进行升降，并使用单独的电机和螺旋桨进行向前推进，从升降过渡到向前飞行模式后，起重电机关闭。另一些混合型无人机则将升降电机铰接到向前推进的方向，以过渡到固定翼模式。还有被称为尾流器的无人机配置通过多个前向电机来产生足够推力以实现垂直起飞，从而避免使用单独的升降电机或铰接电机。从悬停到前进飞行，然后再返回到悬停的过渡对自动控制提出了较高的要求，不同无人机的性能取决于空气动力学和软件设计水平。混合型无人机可以有效增加飞行时间，但任务载荷能力会因快速抬起机翼的需要而下降。

图 6-4　混合类型无人机

6.2.5　无人机平台的选择

在选择用于遥感的无人机平台时，需要重点考虑可实现项目目标的有效任务载荷（无人机平台最大载重是否满足任务载荷重量要求）、执飞区域起降空间（是否有合适的滑翔起降空间或是否必须要求垂直起降）、执飞人员的专业能力（结构过于复杂的无人机对执飞人员操作水平提出更高的要求）、执飞区域大小（所需遥感探测的区域越大，对无人机平台续航能力的要求越高）以及平台便携性等。表 6-1 为各种类型无人机平台各方面特征的对比，可供平台选择时参考。

表 6-1　无人机平台特征对比

平台类型	固定翼无人机	旋翼无人机	多旋翼无人机	混合型无人机
有效任务载荷	高	高	中	低
垂直起降功能	无	有	有	有
结构复杂性	低	高	低	中
续航时间	长	长	短	中
便携性	中	低	高	中

6.3　摄影机及传感器

传感器是无人机平台所携带的用于收集和记录目标物电磁辐射能量信息的关键装置。平台携带的传感器类型不同，遥感所能获取的信息随之相应地变化。在数量众多的传感器类型中，摄影机是现场表征中最常用的工具，因为摄影机具有成本低廉、可用性高、图片自明性强等显著优点。此外，与成像光谱仪、激光雷达等其他传感器相比，使用摄影机所需的操作水平和专业知识要求较低。摄影机中常用的图像传感器包括电荷耦合器件（charge coupled device，CCD）传感器和互补金属氧化物半导体（complementary metal oxide semiconductor，CMOS）传感器两种。按照所接收的光谱频率不同，摄影机可分为可见光谱摄影机、长波红外摄影机、多光谱/高光谱摄影机等。除摄影机外，激光雷达在无人机遥感中也有一定的应用。

6.3.1　可见光谱摄影机

可见光谱摄影机是将目标入射可见光转变成对应像元的电子输出，最终形成目标图像的光电成像设备，其所接收的光谱频率与人眼相同，是无人机遥感中最为常用的摄影机类型。可见光谱摄影机中常用的光学传感器包括电荷耦合器件和互补金属氧化物半导体两种。可见光谱摄影机所拍摄视频或照片直观、便于解译、应用门槛低、分辨率高。但可见光谱摄影机的工作效能受天气影响大，阴雨、云雾和夜间应用场景受限。

6.3.2　长波红外摄影机

长波红外摄影机可将目标入射的红外辐射转变成对应像元的电子输出，最终形成目标的红外辐射图像，长波红外探测的波长一般在 10000nm 以上。长波红外摄影机比可见光谱摄影机更贵，分辨率更低，但可以与可见光谱摄影机配对使用。长波红外摄影机可用于评估来自建筑物、基础设施、人和动物等的热损失，或垃圾填埋气体的渗漏。同样，这些摄影机可用于评估不同物质的热特性，如雪与岩石或木材等。借助弱光电荷耦合器件摄像机、热成像仪、红外传感器或前视红外系统，长波红外无人机可在昼夜和恶劣天气条件下进行遥感监测。辐射型长波红外摄影机可以为每个像素提供温度的测量值，而标准长波红外摄影机则提供近似的温度值。

6.3.3　多光谱/高光谱摄影机

可以对同一地区、在同一瞬间摄取多个波段影像的摄影机称为多光谱/高光谱摄影机。采用多光谱、高光谱摄影的目的，是充分利用地物在不同光谱区有不同的反射特征，来增加获取目标的信息量，以便提高影像的判读和识别能力。

多光谱和高光谱摄影机的区别在于所检测的波段的宽度和数量不同，波段宽度和波段数量的组合就是光谱分辨率。一般来说，摄影机传感器的波段数量越多，波段宽度越窄，地面物体的信息越容易被区分和识别，针对性越强。多光谱和高光谱两款摄影机通常都记录目标物的红色、绿色、蓝色以及近红外的反射光。多光谱摄影机通常在 3 ~ 9 个相对宽的波段上收集数据，而适用于小型无人机的高光谱摄影机通常在数十到数百个窄带上收集数据。

通常，多光谱摄影机以近红外和红色光谱收集数据。一些摄影机还会在 400 ~ 950nm 波长内的蓝色和红色边缘或其他选定波段收集数据。虽然多光谱数据可以通过向 RGB 传感器添加滤光片来实现收集不同波段的目的，但实际上多光谱摄影机对于每个需要收集的波段都有专用的传感器。与使用滤光片的摄影机相比，这种设计大大增加了收集的数据量，并增加了数据挖掘机会。多光谱摄影机是农业中使用的主要摄影机，其结果数据可用于区分健康和患病植物。

与多光谱摄影机相比，高光谱摄影机收集更多波段的数据，从而可以更好地表征成像的区域或物体。一些高光谱摄影机可以在 1000～2500nm 的短波长红外范围内辨别某些矿物。高光谱摄影机可以区分健康和患病植物，以及识别植物生长阶段、水合作用状态、草本害虫的存在、植物品种和一些营养缺乏症等。此外，这些摄影机可以识别通过多光谱分析无法识别的物体、材料或物理过程，如矿物和表面化学成分等。与多光谱摄影机相比，高光谱摄影机的劣势在于高昂的设备成本。此外，数据丰富的输出使后续分析更加复杂，并增加了所需的存储空间。

激光雷达（LIDAR）可以透过云和树叶瞬时成像，与高光谱成像仪一同使用，可以进行更快、更精确的目标识别。其基本原理是，飞行器飞行时 LIDAR 成像传感器对指定的感兴趣区域从纵向拍摄多幅图像，传感器便可随时合成一幅图像。LIDAR 也可用于透过障碍物成像，在有轻微或中等云层、灰尘和霾时，用精确短激光脉冲，捕获返回的第一批光子，从而生成 LIDAR 图像。与视觉摄像头相比，激光雷达具有精度高、采集数据均经过地理参考、受阴影和陡峭地形的影响较小、无需外部光源等诸多优势。激光雷达拥有便携型、车载型、机载型、舰载型、星载型等诸多类型。近年来，机载型激光雷达技术发展迅速，成功解决了目标识别这一关键问题，已成为环境监测的重要手段之一。

6.4 定向定位系统

在无人机遥感任务中，除了获取传感器记录的影像等数据外，其附带的地理位置信息往往也是为实现项目目的所要收集的关键信息之一。影像资料可与 ArcGIS 等地理信息系统交互，以便于污染场地环境表征时生成地块边界拐点坐标、记录污染地块各污染区域位置、场地三维建模等。此外，地理空间数据的嵌入使无人机拍摄的视频可以与视频映射程序同步。生成带有精确地理位置的数据集，需要记录无人机的位置信息。惯性测量单元（IMU）和全球定位系统（GPS）在其中发挥了至关重要的作用，共同构成了无人机平台的定向定位系统。IMU 和 GPS 综合考虑了滚动、俯仰、偏航的影响，共同在飞行过程中传输地理坐标，在数据后处理过程中至关重要。而若想获取带有精确地理位置的数据集，则需要记录无人机的位置信息。

6.4.1 惯性测量单元

IMU 包括三个单自由度加速计和三个单自由度陀螺仪或两个 2 自由度陀螺仪。这些加速计和陀螺仪的输入轴分别沿空间的三个互相垂直的坐标轴方向，使 IMU 对空间任意方向的线运动或角运动保持敏感，能够不依赖外界信息，独立自主提供较高精度的导航参数，具有抗电子干扰、隐蔽性好等特点，但是 IMU 导航参数尤其是位置误差会随时间累积，不适合长时间单独导航。

6.4.2　全球定位系统

无人机平台有多种可供选择的 GPS。

1. 全球卫星导航系统

全球卫星导航系统（GNSS）是指通过观测 GNSS 卫星获得坐标系内绝对定位坐标的测量技术，是所有导航定位卫星的总称，包括美国的 GPS 卫星导航系统、我国的北斗卫星导航系统（BDS）、俄罗斯的格洛纳斯（GLONASS）卫星导航系统，以及欧盟的伽利略（Galieo）卫星导航系统等。GNSS 通过四点定位实现用户空间位置的确定：空间星座部分的各颗 GNSS 卫星全天候向地面发射信号，用户设备通过接收、测量各颗可见卫星信号，并从信号中获取卫星的运行轨道信息，进而确定用户接收机自身的空间位置。但仅依靠 GNSS，实现定位的精度基本在米量级，无法满足无人机平台高精度定位的要求。GNSS 定位过程中影响精度的因素主要包括卫星星历误差、卫星钟差、卫星信号发射天线相位中心偏差等与卫星有关的误差，电离层延迟、对流层延迟和多径效应等与传播途径有关的误差，接收机天线相位中心偏差、接收机内部噪声、接收机钟差等与接收机有关的误差。常见的消除误差的方法就是下面介绍的差分定位方法。

2. 差分定位与载波相位实时动态差分技术

差分全球定位系统（DGPS）利用已知位置点测量到的偏差，来改正其他未知位置点的测量偏差，从而获得更精确的定位坐标。差分定位中应用最广的是载波相位实时动态差分技术（RTK）。在 RTK 作业模式下，基准站（已知位置点）通过数据链将其观测值和测站坐标信息一起传送给流动站（无人机平台）。流动站不仅通过数据链接收来自基准站的数据，还要采集 GNSS 观测数据，并在系统内组成差分观测值进行实时处理，同时给出厘米级定位结果，整个处理过程历时不到 1s。但无人机平台在高速运动时不易捕获和跟踪卫星载波信号。因此，该技术与上面介绍的 IMU 结合使用可实现优势互补。

3. 地面控制点

地面控制点（GCP）是地理配准无人机数据的有效方法，可大大提高无人机平台定位系统的准确性。此方法还可用于不包含地理坐标的图像。该方法的主要原理为在后处理软件中手动识别测量的地面目标。在实际操作中经常使用影像照片中清晰可见的特征作为临时目标，如道路交叉口、显眼的特征建筑等。使用地面控制点进行地理配准获得的影像可以在水平和垂直方向上实现厘米级的精度。

无人机低空摄影技术获取的遥感影像数据质量都比较高，尤其是在小地区或者地貌、气候条件复杂的地区。场地调查阶段，利用无人机搭载全色或光谱相机，可以快速获取高精确度、高分辨率和高时效的场地基础信息，并进一步将其加工为数字高程模型（digital elevation model，DEM）、数字表面模型（digital surface model，DSM）、数字地形模型（digital terrain model，DTM）等产品，为修复工程设计和生态景观设计提供辅助；在此基础上还可以生成三维模型，为场地立体分析与设计、三维景观数字系统构建等提供基础。因此，无人机通过搭载不同类型的传感器，结合 Pix4D、ArcGIS 等软件，可以快速获取地形地貌、地表水、土地损毁现状、地表植被、地表扰动情况、土石方弃渣堆放情况、雨污分流设施等场地现状信息，还可以整体把握调查场地附近的居民区、医院、学校等敏感点情况，大大减少人工调查成本，提高调查质量和调查效率。结合 Google Earth 历史影像，可以对场地近 5~10 年的情况有一个宏观把控，为进一步制定场地调查与采样计划、重点评估区域的选择提供支撑。

6.5 摄影测量

摄影测量学是通过影像研究信息获取、处理、提取和成果表达的一门信息科学。传统的摄影测量学是利用光学摄影机摄取的像片，研究和确定被摄物体的形状、大小、位置、性质和相互关系的一门技术和科学。其中包括了获取被摄物体的影像，研究单张和多张像片影像处理的理论、方法、设备和技术，以及将所测得成果以图解或数字形式表示出来。现代摄影测量学是运用声、光、电等遥感技术设备（摄像机、扫描仪、雷达等）测量被测物体，生成图片或者声像数据的科学。摄影测量的主要任务是通过摄影测制各种比例尺的地形图，建立地形数据库，并为各种地理信息系统提供基础数据（4D 数据）。4D 数据一般是指：

（1）数字高程模型（digital elevation model，DEM）。高斯投影平面上规则格网点平面坐标（x，y）及其高程（z）的数据集。

（2）数字正射影像图（digital orthophoto map，DOM）。利用数字高程模型对扫描处理的数字化的航空像片/遥感像片，经逐像元进行纠正，再按影像镶嵌，根据图幅范围剪裁生成的影像数据，一般是带有公里格网，图廓内、外整饰和注记的平面图。

（3）数字线划图（digital line graph，DLG）。现有地形图上基础地理要素的矢量数据集，且保存了要素间空间关系和相关的属性信息。

（4）数字栅格地图（digital raster graph，DRG）。纸质地形图的数字化产品，每幅图经扫描、纠正、图幅处理及数据压缩处理后，形成在内容、集合精度和色彩上与地形图保持一致的栅格文件。

6.5.1 基本原理

摄影测量是利用光学摄影机获取的像片，经过处理以获取被摄物体的形状、大小、位置、特性及其相互关系。摄影测量的主要特点是在像片上进行量测和解译，无须接触物体本身，因而很少受到自然和地理环境的限制。采用地理配准正射镶嵌、点云、不规则三角网（TIN）等技术的软件网格、数字高程模型和数字地形模型可以从二维图像中提取 3D 信息。因此，即使没有空间方向，也可以从不同位置拍摄具有高度重叠的图像用于生成 3D 模型。

摄影测量的基本原理可简述为以下几个方面：

（1）根据垂直像片上的测量，确定垂直像片的比例尺并估算地面的水平距离。像片的比例尺表达了像片上所测距离与在地面坐标系中所测相应水平距离之间的数学关系。与地图具有单一的固定比例尺不同，航空像片具有一系列的比例尺，它与地形高程成比例变化。当知道了任意高程的比例尺，就可以根据相应影像距离的测量值简单地估算出该高程的地面距离。

（2）利用垂直像片上的面积测量确定地面坐标系中相应的面积。从相应像片的面积测量计算出地面面积，是上述比例尺概念的一种简单延伸。差别在于，地面距离与像片距离的变化是线性的，地面面积和像片面积的变化是比例尺平方的函数。

（3）量化垂直像片的投影差。与地图不同的是，航空像片通常不会显示物体的真正平面图或顶视图。出现在像片上的物体顶部图像，相对于物体底部图像发生了位移。这种现象称为投影差，它使得位于地面上的物体从像主点发生径向偏移。与比例尺的变化一样，投影差使得人们不能将像片直接作为地图。不过，如果是在适当考虑比例尺变化和投影差的情况下进行像片测量，那么就能从垂直像片上得到可靠的地面测量数据和地图。

（4）通过测量投影差求物体的高度。投影差的大小取决于飞行高度、像主点与地物的距离以及地物的高度。由于这些因素是几何相关的，我们能在像片上测量一个物体的投影差和径向偏移，进一步求出物体的高度。这种技术的精度有限，但在仅需要物体大致高度的应用中很有用。

（5）通过测量影像视差求物体的高度和地面高程。前面的操作是利用单张垂直摄影像片来进行的，而很多摄影测量涉及立体像对的重叠区域的图像分析。在该区域内，我们从不同的有利位置对同一地面进行摄影，得到两个不同的视图。在这两个视图中，与摄影机距离近（高程较高）的地物的相对位置在不同像片之间的变化，比距摄影机远（高程较低）的地物大。这种相对位置的变化称为视差。它可在重叠像片上测量，也可用于求物体的高度和地面高程。

（6）确定航空像片的外部定向元素。用于摄影测量制图目的的航空像片，需要 6 个独立参数描述每张像片的曝光瞬间，这 6 个参数是相对地面坐标系原点和方向的位置与角度方向，因此被称为外部定向元素。这 6 个参数称为外部定向元素。其中的 3 个参数是像平面坐标系的中心点在曝光瞬间的三维位置 (X，Y，Z)，其余 3 个参数是三维旋转角度 (ω，φ，κ)，即像片在曝光瞬间倾斜的大小和方向。这些旋转参数是像片拍摄时平台和摄像机支架的参数。例如，固定翼无人机的机翼相对于水平面会向上或向下倾斜。同时，摄影机也会沿着无人机前后向上或向下倾斜。此外，无人机为了保持固定航向，也会旋转并逆风飞行。

确定外部定向元素的方法主要有两种。第一种是使用地面控制（已知地面坐标和照片上可识别的点）和空中三角测量的数学方法。第二种方法需要直接地理参照，这种方法综合 GPS 和 IMU 观测来确定每张像片的位置和方位角。

（7）制作地图、DEM 和正射像片。由航空像片制图有很多形式。历史上，利用称为立体测图仪的设备上的硬拷贝立体像对来制作地形图。利用这种仪器时，要将像片放在投影器内，这种投影器可以相互定向，以恢复摄影时的角度倾斜 (ω，φ，κ)。每个投影器可以转换成 x，y 和 z 的形式，以便创建一个尺寸缩小的模型，这个模型精确地描述了组成立体像对的每张像片外部定向元素。用立体镜观察时，这种地形模型可以用来准备没有倾斜或投影差的模拟或数字平面地图。此外，等高线可以和平面数据集成，以便求出模型中显示的单个地物的高度。

立体测图仪的目的是从立体像片变换地图信息而不引起变形，类似的设备也可用来变换图像信息而不变形。由此产生的无变形图像称为正射像片（或正射影像）。正射影像综合了地图的几何效应，以及像片所提供的补充"真实世界影像"的信息。正射像片的创建过程取决于所能得到的制图地区的 DEM。DEM 一般也是从摄影测量的角度来准备的。实际上，摄影测量工作站具有完成以下任务的综合功能：生产 DEM、数字正射影像、地形图、透视图、"飞行图"，提取具有空间坐标的二维或三维 GIS 数据。

（8）制定获取垂直航空像片的飞行计划。在任何一次获取新的地面覆盖时，都需要制定好飞行计划。对于图像分析人员来说，重要的是要理解制定任务计划的基本要求，如确定项目的数据精度、选择合适的任务参数、初步估算摄影的数据量等。必须在任务要素方面做出决定，诸如图像比例尺或地面采样距离（GSD）、摄影机分幅大小和焦距，以及期望的像片重叠度。然后，分析员才能确定以下几何因素：大致的飞行高度、相片中心点之间的距离、航线的方向和间距，以及覆盖项目区所需的像片数量。制定飞行计划，可以依靠一些高度自动化的软件来实现。

6.5.2　数据采集

无人机遥感的数据采集流程主要包括飞行准备、外业采集和业内处理。无人机遥感航测工作流程见图 6-5。一个典型的工作包括对无人机进行编程，设置覆盖测区的无人机飞行航线，以捕获从前到后和从一侧到另一侧重叠的图像。重叠要求因地点和制图目标而异，但根据经验，至少需要 60% 的重叠才能重建具有高度准确率的地形图。具有垂直立面或直降（最低点）图像中不可见的地质特征的主体可以从捕捉立面的角度拍摄的照片中重建。如果需捕获单个物体结构，可设置两个或多个不同高度围绕该物体的一系列圆形轨道航线，并结合最低点图像，进行绕飞拍摄。多数无人机飞行规划软件支持自动设置航线，设置覆盖测区的多边形飞行区域、航线的重叠率、无人机飞行方向等，软件会调整图像拍摄间隔和相机云台角度等。

航线规划主要以能获取到满足测绘需求和建模标准的测区影像及坐标数据为目的。正射航线需囊括测区；倾斜航线需在囊括测区下外扩行高距离，以满足测区边缘建模效果。航线规划一般主要包括航线设置、航点设置、相机设置等。航线设置需确认测区航线分布、无人机飞行高度和速度、航线重叠率等；航点设置需确认起飞点、各个拍摄点、转弯点的状况；相机设置需确认飞机天气情况及相机参数等。

无人机搭载云台（相机）采集到的影像数据通过空中三角测量及建模软件进行实体三维建模。目前用的最多最广的国外三维建模软件是美国 Bentley 公司的 Context Capture，其次是瑞士 Pix4D 公司的 Pix4Dmapper、Agisoft 公司的 photoScan、德国的 inpho 等。其中 Pix4Dmapper、photoScan、inpho 多用于进行正射模型处理，Context Capture 多用于进行三维模型处理，三维模型成果下也可出正射模型。另外，国内瞰景科技发展（上海）有限公司开发了 Smart 3D 实景三维建模软件，深圳市大疆创新科技有限公司也推出了大疆智图等

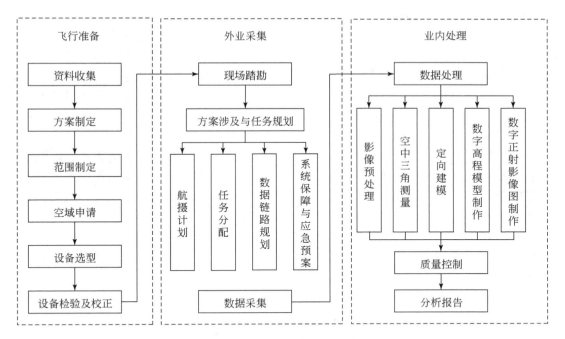

图 6-5　无人机遥感航测工作流程

国内建模软件。

6.5.3　注意事项

　　飞行前应提前查询限飞区和当地政策规定。风雨天气请勿飞行，以免发生意外。还应选择空旷飞行环境，远离人群和建筑物；避开通讯基站、化工厂等强磁场环境。此外，无人机飞行时应注意以下事项：

　　（1）遇到风时要将机头迎向风。

　　虽然地面是无风环境，但是上空的环境与地面不同。遇到风时，第一件要做的事就是迅速调整无人机方向，将机头位置迎向风，这样就能尽量抵消风力的影响，避免无人机侧翻。

　　当风力实在太大时，更稳妥的做法是将机头迎向风保持稳定的同时，迅速下降，通常来说，降低高度后风力也会大幅减小。

　　（2）注意其他人员和动物。

　　室外飞行，应注意远离人群，远离飞禽走兽，避免因不确定因素发生炸机时导致误伤。

　　（3）视距内飞行。

　　始终保持无人机在你的视线之内。尤其是航拍类无人机大多为广角镜头，通过屏幕你很难清楚了解无人机的具体位置，看起来与障碍物距离很远，但实际上已经非常接近。对于专业级无人机，其本身造价较高，加之有些无人机自身重量或搭载的任务设备重量大，一旦发生坠落将造成不可挽回的人员伤害和财产损失。

（4）注意图传和控制距离。

虽然许多航拍无人机官方标称图传及控制距离远达数公里，但是在室外各种干扰影响下，极有可能会大大减弱信号的传输强度。同时，一旦无人机飞至大型建筑物背后，也很有可能阻断信号的传输，导致信号丢失，因此我们一定要在每次飞行前设置好返航的高度，避免其在自动返航时撞到障碍物。同时飞行时也切忌贪远，尽可能在距离目的地近的位置起飞。对于面积大的区域，可分区飞行。

（5）注意电池电量。

室外飞行一般要飞行较远的距离，因此要时刻注意电池电量。虽然无人机有低电量自动返航功能，但是其触发条件往往是电池已经仅有极少电量时。飞行时可能遇到了低电量自动返航时耗尽电量强制降落的情况，一旦无人机降落在水中或人群聚集处，就会有非常危险的情况产生。

（6）保养与维护。

无人机需定期检查维护电池以及清理机身内灰尘，以此避免因电池故障导致事故，机身的定期养护可避免出现因灰尘导致的短路故障。

对于不同无人机起飞场地的选择，含光技术公众号（无人机航测之飞机操作流程及注意事项）总结了常见的选择条件（表6-2）。

表6-2　无人机起飞场地选择

事项		固定翼无人机	混合型无人机	旋翼无人机
起飞场地	飞行场地	100m×70m（不同机型可适当调整）	100m×70m（不同机型可适当调整）	20m×20m（不同机型可适当调整）
	起降场地风向选择	逆风起降	逆风起降（起飞场地不允许也可顺风起降）	无
	净空条件	半径500m内无高山、高楼、树木、电线等		
	电磁环境	对GPS信号和磁力计不存在干扰，半径500m内无通讯塔，高压线塔		
气象条件	起飞场地能见度	>1km		
	起飞场地云高	>500m		
	风速	≤10m/s（因机型而定）		
	侦察区能见度	>2km		
	侦察区云高	>飞行高度		

6.5.4　政策法规

无人机使用越来越广泛，其在航空测绘、救灾抢险、电力巡查、农业植保、气象预防等领域发挥着越来越重要的作用。但无人机"黑飞"干扰民航班机起降、偷拍他人隐私、对人造成人身伤害等违法行为也是屡屡发生，严重影响公共安全。正所谓无规矩不成方圆，为维护公共安全，保护公民人身、财产等合法权益，我国陆续出台了一系列法律法规（表6-3），让无人机飞行有章可循、有法可依。

表 6-3　我国近年无人机政策文件

序号	颁布时间	文件	颁布机构	要点
1	2016 年 9 月	《民用无人驾驶航空器系统空中交通管理办法》	中国民用航空局空管行业管理办公室	明确依法在影响民用航空使用空域范围内或者以上空域内运行存在影响民用无人驾驶航空器系统活动的空中交通管理工作，仅允许在隔离空域内飞行，水平 5km，垂直 600m 间隔
2	2017 年 1 月	《中华人民共和国治安管理处罚法（修订公开征求意见稿）》	中华人民共和国公安部	第四十六条规定，违反国家规定，在低空飞行无人机、动力伞、三角翼等通用航空器、航空运动器材，或者升放无人驾驶自由气球、系留气球等升空物体的，处五日以上十日以下拘留；情节较重的，处十日以上十五日以下拘留
3	2017 年 5 月	《民用无人机驾驶航空器实名制登记管理规定》	中国民用航空局航空器适航审定司	要求自2017年6月1日起，境内最大起飞重量为250克以上（含250克）的民用无人机拥有者必须进行实名登记
4	2017 年 6 月	《无人驾驶航空器系统标准体系建设指南（2017—2018年版）》	中华人民共和国工业和信息化部等8部委	确立了无人驾驶航空器系统标准体系"三步走"建设发展路径，明确了系统标准体系建设的总体要求、建设内容和组织实施方式
5	2017 年 10 月	《无人机围栏》	中国民用航空局	明确了无人机围栏的范围、构型、数据结构、性能要求和测试要求等，并对无人机围栏进行分类
6	2017 年 9 月	《民用航空中交通管理规则》	中华人民共和国交通运输部	民用无人驾驶航空器飞行活动应当遵守国家有关法律法规和民航局的规定
7	2018 年 3 月	《民用无人驾驶航空器经营性飞行活动管理办法（暂行）》	中国民用航空局运输司	使用最大空机重量为250克以上（含250克）的无人驾驶航空器开展航空喷洒（撒）、航空摄影、空中拍照、表演飞行等作业类的经营活动需要取得经营许可
8	2018 年 8 月	《民用无人机驾驶员管理规定》	中国民用航空局飞行标准司	对无人机驾驶员的资质、类型、等级和飞行经历的管理做了明确规定
9	2018 年 9 月	《低空飞行服务保障体系建设总体方案》	中国民用航空局	初步建成三级低空飞行服务保障体系，服务空域内有无人机飞行时，飞行服务站应当建立相应保障措施，必须时与无人机空中交通管理信息系统建立联系，从自己运行、自己保障、自给自足、专项互联互通构建
10	2019 年 1 月	《基于运行风险的无人机适航审定指导意见》	中国民用航空局航空器适航审定司	建立风险评估方法，合理划分风险等级，实施分级管理；创新无人机适航管理办法，从条款审查向体系审查转变；坚持"工业标准→行业标准→适航标准"的正向审定航线，建立我国自主的无人机适航标准体系

续表

序号	颁布时间	文件	颁布机构	要点
11	2019 年 2 月	《特定类无人机试运行管理规程（暂行）》	中国民用航空局	无人机运行工作组可根据无人机运行志愿申请人提出的试运行需求，选择具有典型性和广泛性的运行场景，派出试运行审定小组实施试运行审定，并组织相关培训和宣贯。通过特定运行风险评估（SORA），支持对特定类无人机运行申请的批准
12	2019 年 10 月	《无人机云系统接口数据规范》	中国民用航空局	无人机系统和无人机云系统之间按照本标准要求的数据接口进行双向通讯，通讯内容应包含注册信息、动态信息、数据信息、数据类型、差异数据等
13	2019 年 11 月	《轻小型民用无人机飞行动态数据管理规定》	中国民用航空局空管行业管理办公室	规范轻小型无人机运行数据报送，旨在维护国家安全、公共安全和飞行安全，提升无人机运行管理质量，促进无人机产业健康有序发展
14	2020 年 3 月	《民用无人驾驶航空器系统适航审定管理程序（征求意见稿）》	中国民用航空局航空器适航审定司	根据无人机实际使用情况，提出基于风险的适航审定原则，实施分级审定，综合考量被审查方的适航管理体系的成熟度和产品的复杂度及运行影响，确定局方审查的介入程度
15	2020 年 3 月	《民用无人驾驶航空器系统实名登记管理程序（征求意见稿）》	中国民用航空局航空器适航审定司	最大起飞重量为 250 克以上（含 250 克）的民用无人机及其系统，其拥有者必须按照本管理程序的要求进行实名登记，其制造人应当为拥有者登记提供便利
16	2020 年 3 月	《民用无人驾驶航空器适航审定项目风险评估指南（征求意见稿）》	中国民用航空局航空器适航审定司	按照基于风险的适航管理理念，指导和规范无人机适航有关的风险评估活动
17	2020 年 8 月	《通用航空经营许可管理规定》	中华人民共和国交通运输部	明确了使用民用无人机从事经营性通用航空活动企业的经营许可以及相应的监督管理
18	2020 年 9 月	《民用无人机无线电管理暂行办法（征求意见稿）》	中华人民共和国工业和信息化部	民用无人机可以申请使用 840.5～845MHz、1430～1444MHz、2400～2476MHz、5725～5829MHz 频段频率用于遥控、遥测、信息传输链路，并对其使用管理做了明确规定
19	2021 年 2 月	《民用无人机生产制造若干规定（征求意见稿）》	中华人民共和国工业和信息化部	对民用无人机产品并使用唯一产品识别码管理，要求无人机生产器具有电子围栏、自动检测更新飞行空域划设信息，具备飞行区域限制及警示功能，防止靠近、飞入或飞出特定区域，满足空域管理相关要求

158

续表

序号	颁布时间	文件	颁布机构	要点
20	2022年3月	《民用微轻小型无人驾驶航空器运行识别概念及要求（暂行）》	中国民用航空局空管行业管理办公室	基于无人驾驶航空器飞行运行及交通管理要求，实现针对微轻小型无人驾驶航空器识别与监视的运行概念文件，其中包括对运行识别的定位、目的、范围、原则，依据和主要内容；说明了与生产制造商的关系，并考虑了与国际主流规范、标准的兼容问题。为后续制定运行技术方案、形成技术性能要求及相关技术性能验证方法提供了总体概念和要求
21	2017年9月	《四川省民用无人驾驶航空器安全管理暂行规定》	四川省人民政府	第十九条规定，未经批准，禁止民用无人机在以下区域上空飞行：（一）民用机场沿跑道中心线两侧各15公里，跑道端外20公里范围内的净空保护区域；（二）军事管理区、监狱、发电厂及其周边100米范围内；（三）铁路和高速公路，超高压输电线路及其两侧50米范围内；（四）大型军工、通讯、危险化学物品生产储存、物资储备等重点目标区域；（五）省和市（州）人民政府公告的临时管控区域
22	2018年1月	《广东省民用无人驾驶航空器治安管理办法（草案）》	广东省公安厅	第十二条规定，禁止民用无人驾驶航空器在下列区域上空飞行：（一）军民航机场净空保护区域；（二）铁路和高速公路，超高压输电线路及其两侧50米范围内；（三）国家机关、军事、通信、供水、供电、能源供给、危险物品贮存、大型物资储备、大型活动现场、车站、码头等人员密集区域；（四）大型军工、监管场所等关系国计民生、国家安全和公共安全的重点目标区域；（五）省、地级以上市人民政府或者其公安机关公告的临时管控区域。因现场勘察、工程施工、航空拍摄等作业需要，确需在上述区域飞行民用无人驾驶航空器的，应当提前向飞行管制部门申请，获得批准后方可开展作业
23	2020年12月	《低空数字航空摄影规范》《低空数字航空摄影测量内业规范》《低空数字航空摄影测量外业规范》	中华人民共和国自然资源部	《低空数字航空摄影规范》主要包括无人机航摄系统准备、航摄计划与航摄设计、航空摄影实施、飞行质量与影像质量检查、成果整理与验收等。《低空数字航空摄影测量内业规范》规定了低空数字航空摄影测量内业生产的准备工作、影像预处理、空中三角测量、基础地理信息数字成果生产、检查验收和上交成果要求。《低空数字航空摄影测量外业规范》主要包含低空数字航空摄影测量外业工作中的测量准备工作、像片控制点的测量与整饰、调绘、检查整理与成果上交等。《低空数字航空摄影测量内业规范》《低空数字航空摄影测量外业规范》形成一个标准体系，共同规范低空数字航空摄影测量数字成果生产工作。该标准体系适用于采用无人驾驶飞行器低空数字航空摄影系统，以生产1：500、1：1000和1：2000数字正射影像图（DOM）、数字表面模型（DSM）和数字线划图（DLG）等成果为目的的低空数字航空摄影工作

6.6 数据处理与建模

6.6.1 数字图像分析

数字图像分析是指在计算机的帮助下对数字图像进行处理，使用范围广，包括从摄影爱好者使用免费软件调整数码相机画面的对比度和亮度，到科学家利用神经网络进行分类，再到在航空高光谱图像上绘制矿物类型图等。数字图像分析的核心概念十分简单。一幅或多幅图像输入计算机，然后把该幅或多幅原始图像的像元值作为计算机输入，利用方程或方程组进行计算机编程运算。多数情况下，输出的是一幅新的数字图像，其像元的值就是计算的结果。这幅输出的图像要么以图形格式显示，要么提供给其他程序做进一步的处理。数字图像分析有多种方法，可以归纳为以下几种方法。

（1）图像预处理。这些操作的目的在于校正变形的或低品质的图像数据，以便更加真实地反映原始场景，并改善今后进一步处理的图像可用性。图像预处理通常包括原始图像数据的初始处理，如去除数据中出现的噪声、校准数据的辐射度、校正几何畸变、通过拼接或取子图扩大和缩小图像的范围等。这些过程常称为预处理操作，因为这一处理过程通常处于为提取特定信息而进行的进一步图像处理和分析之前。

（2）图像增强。通常图像增强技术包括增大景物中地物特征的视觉差异，从而增大数据解译的信息量。这些处理图像数据的过程是为了在以后进行解译时，能有效地利用数据。多数图像增强技术可分为点处理或邻域处理。点处理是在图像数据集中单独地改变每个像元的亮度值。邻域处理是根据邻域内像元的亮度值来改变每个像元的值。这两种图像增强技术都可以很好地应用于单波段（单色）图像或多图像合成。常使用的几种图像增强技术，包括对比度增强、空间特征处理和多图像处理等。

（3）图像分类。图像分类处理的目的是对图像使用地物特征自动识别的定量技术来代替图像数据的目视解译。一般包括多光谱图像的数据分析（多光谱、多时相、偏振测定或其他补充信息源），以及应用统计决策规律来确定图像中每个像元的土地覆盖类型。当这些决策规则仅基于观测到的光谱辐射率时，我们称这种分类过程为光谱模式识别。光谱模式识别是把具有类似光谱反射或辐射组合的像元按类别分组，假定这些类别代表了地物表面特征的特定种类。这里并不关心被分类像元的邻域情况。与之相对应的，决策规则在基于几何形状、大小和图像数据呈现模式时，被称为空间模式识别。空间模式识别根据某个像元及其周围像元的空间关系来进行图像分类。空间分类器考虑图像的结构，像元的接近度，特征的大小、形状、方向性、重复度和环境等。这种分类方式试图重复目视解译过程中由人工分析得到的空间综合结果。当然，也可以采用空间模式识别和光谱模式识别混合分类，且混合方法正变得越来越普遍。

（4）时间变化分析。遥感图像的一个强大优势是能够捕获或者保持不同时间点地表状况的记录，从而能够识别和体现不同时间的地表变化。这种处理称为变化检测，是数字图像分析最普遍的应用方法之一。在理想状态下，变化检测过程中采用的数据要求是由相同的传感器获得的，并且记录时具有相同的空间分辨率、拍摄几何特征、光谱波段、辐射分辨率等，而且是在一天的同一时间拍摄的。实际上，通常选择同一天拍摄的图像数据，以减少太阳高度角和季节变化的影响。即使是每年同一天的影像，变化检测过程也可考虑各种环境因素的变化影响，如大气条件、水位、潮汐、土壤湿度条件等。

辨别两个时间图像变化的一种常用方法是分类后比较。即两个时期的图像被单独进行分类与配准，然后，对这两幅分类后的数据进行某种运算来确定这些发生变化的像元。此外，也可以采用编辑后的统计数据（和变化图）来反映两个时期图像的变化特征。例如，高亮显示从类别 A 变化到类别 B 的区域。

（5）数据融合和 GIS 集成。数字图像分析的很多应用可通过合并或融合覆盖同一地理区域的多种数据集而得到加强。数据合并的目的通常是将遥感数据与其他辅助信息来源在 GIS 环境下合并。这些数据集的形式有多种，如联合同一传感器的多分辨率影像，联合雷达衍生的纹理信息、地形坡度和坡向信息的多光谱影像。

（6）高光谱图像分析。高光谱传感器产生连续的高分辨率辐射光谱，可以提供大量有关观测地表物理和化学成分的信息，同时也能获取地表和传感器之间的大气特征。高光谱图像分析时处理的数据量增大，未校正大气影响时的大气干扰敏感性增加。高光谱图像分析主要包括数据降维、图像分类、混合像元分解和目标探测等（张兵，2016；杜培军等，2016；苏红军，2022）。一种简单的高光谱图像分析方法是确定单个波长的吸收特征，并与参照光谱的相似特征进行比较，此外还能够对整个光谱信号进行直接比较，该方法称为光谱角制图（唐宏等，2005）。该方法的基本思路是，观测到的反射光谱在多维空间中可视为矢量，矢量的维数等于光谱波段数。如果总光照增加或减少，该矢量的长度将增大或降低，但其角度方向将保持不变。为比较两个光谱，如比较图像中一个像元的光谱与一个参照光谱，要对每个光谱定义一个多维矢量，并计算这两个矢量间的夹角。如果夹角小于指定的容忍度水平，则认为两个光谱是匹配的。

（7）生物物理建模。生物物理建模的目的是把由遥感系统记录的数字化数据和地面测量的生物物理特征及现象定量地关联起来。例如，遥感数据可用于作物估产、落叶测量、生物量估算、水深测定以及污染物估计等很多领域。用于建立数字遥感数据与生物物理变量之间的关系的基本方法有三种。第一种是物理建模，即从数学上解释所有已知的、影响遥感数据辐射特征的参数（如日地距离、太阳高度、大气影响、传感器增益与偏移量、视觉几何等）。第二种是经验建模。在这种方法中，遥感数据与基于地面的观测数据的定量关系，可通过同时发生的两个已知观测数据之间的相互关联来校准（如森林落叶条件的现场测量时间正好与卫星图像的接收时间相同）。这一过程常用线性统计回归方法。第三种方法是组合使用物理与经验建模。

6.6.2 无人机数据处理

无人机数据采集后，还需要通过专业软件进行数据处理，得到正射影像和三维模型等。目前比较主流的无人机数据处理软件有 Pix4Dmapper、Context Capture、PhotoScan、大疆智图等。这几个三维建模软件各有优缺点，PhotoScan 比较轻量级，但是生成的模型纹理效果不是太理想；Context Capture 生成的三维模型效果最为理想，人工修复工作量较低，但是软件比较复杂，不易上手且价格较高；而 Pix4Dmapper 则位于二者之间。大疆智图是一款集航线规划、飞行航拍、二维正射影像与三维模型重建为一体的软件，功能齐全，上手也比较容易。

以 Pix4Dmapper 简单介绍某场地正射影像拼接操作：

（1）导入数据。添加照片，自动识别照片地理位置信息，识别位置信息，照片添加完成后，照片点位将显示在地图上。

（2）添加像控点。根据现场测量像控点情况添加像控点。若没有现场测量像控点，跳过该步骤，仍可进行正射影像拼接，只是拼接的正射影像误差相对较大，尤其是绝对位置偏差较大。

（3）拼接参数设置。第一次操作默认参数即可。

（4）质量报告。设置完参数，单击运行，运行后出现质量报告。质量报告包括整体情况介绍：相机型号、分辨率、覆盖范围、坐标系、投影以及运算耗时以及质量检查情况等。

（5）拼接结果。拼接过程全自动，拼接完成后，正射影像（tif 格式）会导出至指定目录下，并加载到地图窗口中，同时导出的文件还包括 DSM 文件（tif 格式）和点云文件（laz 格式）等。若对自动拼接的正射影像结果不满意，可以进一步编辑或者修改参数重新运行。

Context Capture 三维建模的主要过程包括数据预处理、三维自动建模、数据成果检查：对原始照片进行检查，将预处理后的照片、像控点数据、POS 数据导入软件中，结合图形计算方法及 POS 信息实现倾斜影像的自动空中三角测量，计算出所有倾斜影像的外方位元素，并通过多视影像密集匹配获取点云数据，对点云数据抽稀并检查合格后自动完成不规则三角网的构建。根据网格生成不同分辨率的数字地表模型，最后结合照片提取出最佳的纹理信息，并自动映射到模型表面，从而生成实景三维模型。

第7章 表征技术应用案例及分析

7.1 感应电磁法与高密度电法在重金属污染地块调查中的应用

7.1.1 问题描述

随着我国城市化进程的改造及"退二进三"政策的实施出现了大量的关闭搬迁企业，企业搬迁后往往会在原厂址处遗留大量的有毒有害重金属或难降解有机物，会对其周边环境和新居民带来严重的污染危害。为了杜绝土壤污染带来的严重问题，企业搬迁后，需对这些污染地块进行土壤污染状况调查，掌握其环境风险。传统的场地调查方法在点位位置的布设以及采样深度的设置具有一定的局限性。为解决这一局限性，本次研究采用感应电磁法和高密度电法联用对污染场地进行探测，通过探测快速划定出污染地块的异常区域（疑似污染物区域），根据异常区域的分布指导后期调查的靶向布点及采样深度的设置，从而提高调查效率、节约调查成本以及提高调查的准确性。

感应电磁法是在地表通过电流产生一个原生磁场，此原生磁场会在地层内产生时变的涡流。由于地下介质不均匀，会产生感应的次生磁场。通过在地表接收次生磁场强度，可以了解地下地层导电性分布情形，进而推测地层的电性构造及异常体。高密度电法原理与传统的电阻率法相同，所不同的是高密度电法在观测中设置了较高密度的测点，全部电极布置在一定间隔的测点上，由主机自动控制供电电极和接收电极的变化。高密度电法使用的电极数量多，而且电极之间可自由组合，可提取大量的地电信息。高密度电法成本低、效率高、信息丰富、解释方便。

物探技术具有快速、无损且能从三维空间大范围表征出疑似污染区域的分布等优点，近年来被逐步应用于环境调查领域中。国外学者对物探技术应用于污染表征进行了相关的研究，Aristodemou 和 Thomas（2000）运用直流电阻率法和时域激发极化法对垃圾填埋场中渗滤液的迁移进行了应用研究；Ahmed 和 Sulaiman（2001）运用电阻率成像法对垃圾填埋场的土壤及地下水污染状况进行了表征研究。我国学者对物探技术应用于污染调查及监测也进行了相关研究，肖波等（2019）运用分布式三维电法监测污染场地地下电学特征的变化；刘汉乐和张闪（2014）等在实验室内应用高密度电阻率成像法对 LNAPL 在非均质多孔介质中的污染过程进行了监测。目前物探技术在污染场地土壤环境调查领域中处于起步阶段，很多内容还处于实验室的研究阶段，工程应用较少。本节以我国华南地区某典型重金属污染地块为研究对象，采用物探技术对土壤重金属污染进行初步表征，通过物探技术与传统场调技术的联用，拟探索一套靶向、高效、精准的集成技术与方法应用于污染地块土壤环境调查，提高调查的效率和准确性，同时节约调查的成本。

7.1.2 探测方法

1. 探测区域

研究区为华南地区一城市中的疑似重金属污染地块，原企业始建于 20 世纪 60 年代，于 2015 年关停，现厂区设备及厂房已全部关闭拆除。企业运营生产时主要从事钛白粉、硫酸和磷肥生产加工，涉及到的原辅材料主要有硫铁矿、磷矿、硫酸钠、铁钛矿和铁粉等。原材料经过焙烧、分解、净化、转化和结晶等过程形成产品，特征污染物主要是重金属。生产期内由于企业内的槽罐、池体破损泄露及矿渣暂存时淋溶下渗导致土壤受到污染。

研究区地块处于两山体之间的河谷处，地貌自新生代古近纪丹霞群发育形成，西南侧为标高在 10 ~ 50m 不等的山体，西北方为城区的主要地表河流，其他方位为丘陵地带。研究区处于一向斜隆起带的山字形构造核部，地层自上而下依次为：①人工填土层，主要由粉质黏土堆积而成，平均厚度约 5m；②全新统，主要岩性为粉质黏土和淤泥质土，平均厚度 1.2 ~ 4.5m；③天子岭组地层，该地层为整合于帽子峰组与春湾组两套碎屑岩之间的石灰岩。

2. 物探布局

探测范围为研究地块的污水处理工段及废渣堆放区域，经前期资料收集及现场踏勘判断调查区疑似为重金属土壤污染区，本次物探探测范围约 21500m²，对整个区域施测感应电磁法，根据感应电磁法的探测结果，在探测区域共施测了 11 条高密度电法探测测线。调查的范围及物探测线布设如图 7-1 所示。

3. 感应电磁法

本次感应电磁法探测采用 GEM-2 Ski 便携式近地表频率域电磁探测仪对整个研究区域进行探测，以单点深度的方式收集数据，即仪器移到何处则可量测该主机位置正下方某特定深度的视导电率值，以人力背负进行探测。本次感应电磁法场区布置，采用 GPS 定向。点距 0.1 ~ 0.3m，探测目标深度为 15m 内。数据采集步骤为：设备预热—连接设备—区域设定—频率设定—采集数据。

4. 高密度电法

本次高密度电法以感应电磁法划分的高磁化率区域布置测线，采用 GD-10 型直流电法测量仪测试地层电阻率，测线布设以 GPS 定向，皮尺量距布点。高密度电法的电极装置采用四级装置。最小间隔系数为 1，电极点距 2m，排列电极总数根据现场确定，探测目标深度为 15m 内。数据采集步骤为：测量仪器连接—依据测线位置布置大缆和电极—大缆与转

换器连接—输入参数并进行接地电阻测量—接地良好后进入数据采集模式—采集数据。高
密度电法测线布置如图 7-1 中的线条所示。

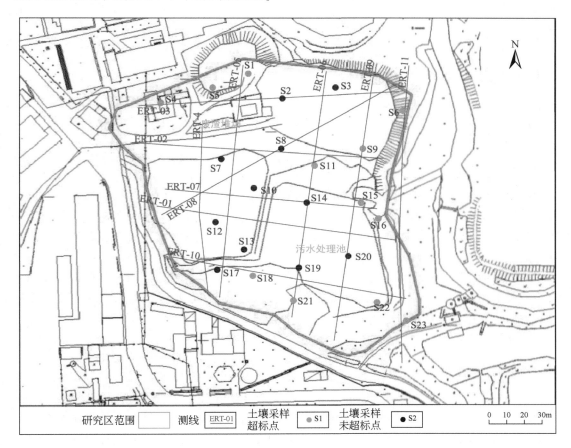

图 7-1　物探测线布置图

5. XRF 测试方法

本次 X 射线荧光（XRF）测试方法是采用便携式 XRF 光谱仪对土壤中重金属含量在
现场进行快速扫描测试。仪器在锂电池驱动下激发 X 射线管产生射线作用于土壤样品，样
品处于激发态，围绕原子核飞行的外层电子被打飞，基于能量守恒定律，外层的电子释放
能量补充进来即产生次级特征能谱（如 K 层被打飞，L 层电子释放能量进行补充），硅漂
移探测器（SDD）接收到特征能谱后通过康普顿数学模型和标准参数法计算得出元素含
量，含量以 mg/kg 或者百分比的单位显示在屏幕上。

6. 化学分析测试方法

土壤样品重金属含量采用四酸消解法对其进行测试分析，其中砷具体参照《土壤质量
总汞、总砷、总铅的测定 原子荧光法 第 2 部分：土壤中总砷的测定》（GB/T 22105.2—

2008），铅参照《土壤质量 铅、镉的测定 KI-MIBK 萃取火焰原子吸收分光光度法》（GB/T 17130—1997）。为保证样品测试结果的准确性，从现场样品采集到实验室测试分析实行全过程的质量控制措施，采用现场平行、现场空白、运输空白、清洗空白、方法空白、基质加标等质控方法。

7.1.3　测试结果与分析

1. 感应电磁法探测结果与分析

本次调查对研究区域施测了475Hz 和18575Hz 的感应电磁法探测，18575Hz 探测的是地下约3m 范围内地层磁化率综合反应，475Hz 探测的深度约为18575Hz 的6 倍。18575Hz 探测结果显示研究区的西北和东北侧的 A 区域及南侧零散分布的 B 区域为高磁化率区域，其数值均大于500，其他大部分区域磁化率数值均小于300；475Hz 探测的磁化率数值大于500 的有三大区域如图7-2（b）所示，此三大区域比浅层磁化率数值大于500 的区域范围有所扩大。

本次感应电磁法探测的区域为原厂区污水处理工段及废渣堆放区域，其平面布置图如图7-1 所示。地块原企业主要从事硫酸、钛白粉和磷肥的生产加工，其反应方程式分别为

硫酸：$4FeS_2 + 11O_2 = 2Fe_2O_3 + 8SO_2$

钛白粉：$2FeTiO_3 + 6H_2SO_4 = Fe_2(SO_4)_3 + SO_2 + 2TiOSO_4 + 6H_2O$

磷肥：$2Ca_5F(PO_4)_3 + 7H_2SO_4 + H_2O = 3Ca(H_2PO_4)_2 \cdot H_2O + 7CaSO_4 + 2HF$

原企业生产加工的主要原料包含硫铁矿（主要成分是 FeS_2）、磷矿（主要成分是 P_2O_5）、铁钛矿（主要成分是 $FeTiO_3$）。硫铁矿的伴生矿主要有方铅矿、闪锌矿、毒砂。天然磷矿中存在多种伴生矿物，主要有硅矿物和碳酸盐两类矿物。铁钛矿伴生矿主要包含磁铁矿。硫酸矿渣、钛白粉生产原料以及催化剂均包含铁磁性物质，矿渣经淋滤下渗以及污水泄露迁移到地层中导致磁化率偏高。图7-2（a）结果显示探测区域上层地层（0～3m）部分区域出现了磁化率数值大于500 的现象，结合之前资料收集分析及现场踏勘，磁化率数值大于500 的区域之前为废矿渣堆放区域，矿渣中含有大量顺磁性物质（铁等重金属），废矿渣经淋滤下渗到地层中导致磁化率偏高；图7-2（b）结果显示下层地层（3～15m）中磁化率数值大于500 的区域较上层有所扩大。研究区地下水埋深为3～3.5m，地下水整体流向为西北向东南，在废渣堆放区有淋滤液下渗，水平方向上从西北向东南扩散迁移导致下层的高磁化区域较上层整体向东南延伸扩展。中部的废水处理池埋深约为2.5m（现已填平），由于废水（呈酸性，含有多种重金属离子）下渗迁移扩散导致废水处理池的下层地层也出现了磁化率数值大于500 的区域。

2. 高密度电法探测结果与分析

高密度电法探测结果显示，在穿过废渣堆放位置及污水处理池区域的测线局部均出现了低阻异常区，推测是废矿渣经淋滤下渗、废水（呈酸性，含有多种重金属离子）经池底及侧边的渗漏导致土层 pH 变小（硫酸、磷酸导致土壤和地下水酸化和导电离子增多）、重

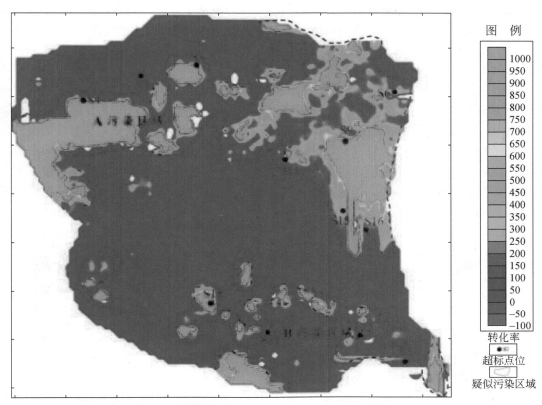

(a)感应电磁法探测磁化率分布图（f=18575Hz）

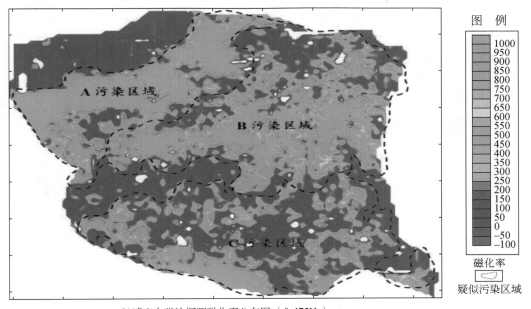

(b)感应电磁法探测磁化率分布图（f=475Hz）

图 7-2　研究区感应电磁法探测磁化率分布图

金属离子含量增加，使得其导电性较好。各测线地表层基本存在一高阻层，主要是由于表层为包气带层含水率较低；底部出现的局部高阻主要是含导电离子较少的粉质黏土层或风化岩层。高密度电法的测试结果如图7-3所示。对ERT-01、ERT-03、ERT-10测线解译结果分述如下。

测线ERT-01：位于场地中间区块，穿过污水处理池及其南侧。图7-3（a）显示其整体电阻率为$10\sim35\Omega\cdot m$，表层$0\sim3.5m$间电阻率为$10\sim35\Omega\cdot m$，但夹有层状分布电阻率超过$40\Omega\cdot m$。下层$3.5\sim10.5m$电阻率为$10\sim35\Omega\cdot m$，夹有层状分布与分散区块且电阻率低于$8\Omega\cdot m$。底层$10.5m$以下深度基本上为电阻率超过$40\Omega\cdot m$。由于ERT-01沿着原水池边施测，测线中段深度超过$7m$区域出现一低电阻率包，推测此低电阻率包有可能与重金属废水泄漏迁移有关。黑色虚线代表回填物质、低电阻率重金属污染电性地层与原生地层交界位置。

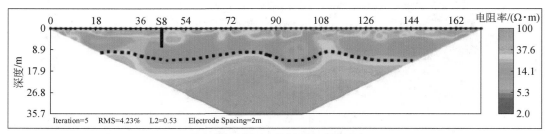

(a)高密度电法探测成果剖面图（ERT-01）

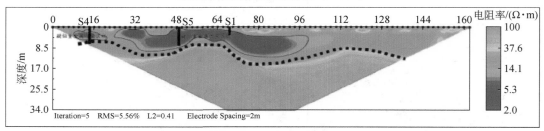

(b)高密度电法探测成果剖面图（ERT-03）

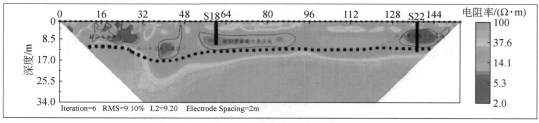

(c)高密度电法探测成果剖面图（ERT-10）

图7-3 研究区高密度电法勘探剖面图

测线ERT-03：该测线穿过污水处理池北侧的废渣堆放区域，测线为从西向东方向施布。测试结果显示，整体电阻率的分布为$10\sim35\Omega\cdot m$，测线前半段$0\sim8m$深度范围表现有电阻率低于$8\Omega\cdot m$的连续分布，该段地层分布情况为$0\sim3m$填土、$3\sim8m$淤泥、$8m$以下为粉质黏土和全风化岩，由此推测上层（0~3m）低阻异常区域主要是由废矿渣经淋滤下渗迁移导致地层硫酸根离子、重金属离子等导电物质增加，进而导致土壤导电性能较好；下层（3~8m）淤泥层含水率较高，其本身导电性较好。高密度电法 ERT-03 探测成果剖面如图 7-3（b）所示。

测线 ERT-10：主要位于原污水处理池的下游。测线为自西向东方向布设。测试结果显示，该测线的整体电阻率为 10~35Ω·m，表层 0~3.5m 间电阻率为 10~35Ω·m，夹有层状分布的电阻率超过 40Ω·m 的区域。下层 3.5~10.5m 间电阻率为 0~35Ω·m，夹有层状分布区与分散区块且电阻率低于 8Ω·m。底层 10.5m 以下深度电阻率超过 40Ω·m。测线表层（0~3.5m）未见低阻异常区，下层（3.5~10.5m）局部有低阻异常区域，推测是由池底（埋深 2.5m）废水（呈酸性，含有多种重金属离子）下渗迁移导致下游区域土壤中的导电离子增加所致。高密度电法 ERT-10 探测成果剖面如图 7-3（c）所示。

本研究区共布设 11 条高密度电法测线，测试结束后采取三维可视化模拟软件构建地块地下介质电阻率特性模型，如图 7-4 所示。该图刻画出了疑似污染区域的三维空间分布位置（即电阻率区间在 8~12Ω·m 的蓝色区域），疑似污染区域主要分布于研究区北侧废渣堆放区域上部地层的填土层中、原污水处理池及其下游区域的地层中。据此图可指导后续的靶向布点和采样位置的设置，为钻探与取样等后续勘察工作量提供科学依据。

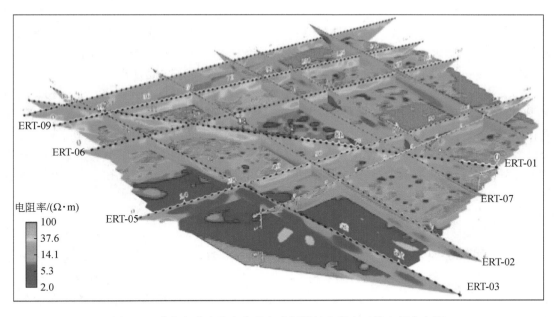

图 7-4　感应电磁法及高密度电法探测的电阻率三维空间分布图

3. XRF 测试与物探结果对比分析

为验证感应电磁法与高密度电法探测结果的准确性，采用 XRF 光谱仪对研究区域内不同点位和深度的土壤样品进行了现场扫描，如表 7-1 所示为 X 射线荧光光谱仪现场扫描的 36 个土壤样品，其中有 10 个样品重金属砷（As）和铅（Pb）含量超出其筛选值，超标深度主要分布在 0 ~ 12m，超标倍率在 3.8 ~ 14.6。其超标原因主要是硫铁矿伴生有方铅矿和毒砂，矿渣在淋滤的作用下重金属砷（As）和铅（Pb）会下渗到土壤介质中，另外，污水处理池中的污水（含有多种重金属离子）泄漏下渗迁移导致土壤介质中重金属离子含量增加。

表 7-1   XRF 超标倍率与对应物探结果统计表

孔号	深度/m	XRF 超标倍率	磁化率数值	电阻率/($\Omega \cdot m$)
S4	0 ~ 3	11.5	>700	<8
S11	0 ~ 3	5.5	500 ~ 700	10 ~ 20
	4 ~ 7	12.3	>700	8 ~ 10
S14	0 ~ 3	—	50 ~ 300	10 ~ 35
S18	4 ~ 7	14.6	>700	<8
	8 ~ 12	—	300 ~ 500	8 ~ 10
S22	0 ~ 3	—	50 ~ 300	10 ~ 35
	4 ~ 7	9.2	500 ~ 700	<8
	8 ~ 12	3.8	500 ~ 700	<8

经统计分析，S4、S11、S18 点位分别在 0 ~ 3m、4 ~ 7m、4 ~ 7m 深度范围 XRF 测试的超标倍率均大于 10。上述 3 个位置对应的磁化率数值均大于 700，电阻率均小于 $10\Omega \cdot m$；S11 点位 0 ~ 3m、S22 点位 4 ~ 7m、8 ~ 12m 的深度范围 XRF 测试超标倍率在 3.8 ~ 9.2，其所在位置对应的磁化率数值均分布在 500 ~ 700，S22 对应的电阻率小于 $8\Omega \cdot m$，S11 电阻率测试结果在 $10 ~ 20\Omega \cdot m$；S14、S18 和 S22 点位分别在 0 ~ 3m、8 ~ 12m 和 0 ~ 3m 深度范围 XRF 测试的结果均未超标，对应的磁化率数值分布在 50 ~ 500，电阻率分布在 8 ~ $35\Omega \cdot m$。经对比分析可知，XRF 测试的超标倍率越大，其对应的磁化率数值越大、电阻率越小；反之则磁化率数值越小、电阻率值越大。通过上述实验结果可知本次物探的测试结果与 XRF 测试结果一致性较好。

4. 样品化学检测与物探结果对比分析

为进一步在定量程度上验证感应电磁法与高密度电法探测的异常区域与重金属种类及含量的关联性，对异常区域（疑似重金属污染区域）及周边的 23 个点位进行了土壤钻探取样分析，共采集了 151 个土壤样品，分别送检测实验室对重金属指标进行化学分析测试。

本次感应电磁法划定的高磁化率范围以及高密度电法划定的低电阻率区域均受到了重金属砷（As）和铅（Pb）不同程度的污染。23 个采样点位中 12 个点位砷（As）和铅（Pb）有不同程度的超标，超标点位的分布如图 7-1 所示，其中超标点位 S1、S4、S5 分布在高磁化率 A 区的西侧，点位 S6、S9、S11、S15、S16 分布在高磁化率 A 区的东侧，点位 S18、S21、S22、S23 分布在高磁化率 B 区；垂直方向上污染物砷（As）和铅（Pb）超筛选值的样品主要分布在深度 2 ~ 10m。本研究区域土壤中重金属砷（As）和铅（Pb）含量与对应物探值的关联性统计如表 7-2 所示。点位 S4、S9 砷（As）和铅（Pb）含量较高，其点位所在区域磁化率数值均大于 700，电阻率均小于 8Ω·m；点位 S22、S23 砷（As）和铅（Pb）含量中等，其所在区域的磁化率数值分布在 500~700 范围，电阻率小于 10Ω·m；点位 S8、S14 砷（As）和铅（Pb）含量较低均未超筛选值，该区域物探结果显示其磁化率数值分布在 0~300，电阻率分布在 10~35Ω·m。探测结果显示高磁化率及低电阻率区域其重金属砷（As）和铅（Pb）含量较高；反之则其重金属砷（As）和铅（Pb）含量较低。经对比分析可知本次物探反演结果与钻探取样分析结果吻合度较好。

表 7-2 土壤样品中污染物含量与对应物探结果统计表

孔号	深度/m	As/(mg/kg)	Pb/(mg/kg)	磁化率数值	电阻率/(Ω·m)
S4	0.1	844.0	1900.0	>700	<8
	0.5	631.0	2010.0	>700	<8
S9	2	1170.0	2700.0	>700	<8
	3.8	123.5	715.0	>700	<8
S22	5.5	501.2	47.3	500~700	<8
	6	559.0	823.0	500~700	<8
	8	236.0	531.0	500~700	<8
S23	3.5	93.6	266.0	500~650	8~10
	5.4	265.0	81.3	500~650	8~10
S8	0.1	32.1	42.6	50~300	10~35
	1.5	26.1	30.5	50~300	10~35
S14	0.1	20.7	37.8	50~300	10~35
	1	14.5	25.9	0~300	10~35
	3	19.2	26.7	50~300	10~35

鉴于矿渣淋滤下渗以及污水处理池中的污水泄漏迁移，经钻探取样分析查明了研究区重金属砷（As）、铅（Pb）高含量位置集中位于原矿渣堆放区域及污水处理池下游，如图 7-5 所示，其分布基本与物探异常区域相符。

5. 土壤重金属含量与电阻率关联分析

为探究土壤重金属含量与电阻率的关系，对 S18 和 S22 点位的地下土壤电阻率与重金属砷、铅含量进行了关联分析，其关联性如图 7-6 所示。其中 S18 在 4m 附近重金属砷、铅的含量增加，其对应的地下电导率相应的变小；S22 点位在 4~8.5m 范围内地下重金属砷、铅的含量相对较高，该区段电阻率表现为低电阻率区。通过对比分析可知，地下电阻率与重金属砷、铅的含量呈负相关。在土壤环境质量标准关注范围内，重金属铅（Pb）含量对电阻率影响较显著，电阻率随铅（Pb）含量增大而减小。

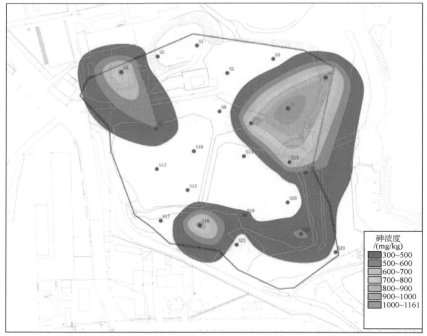

(a)重金属砷（As）含量分布图

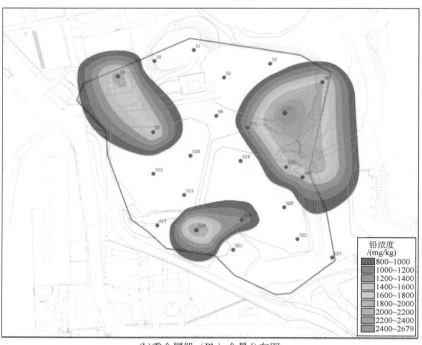

(b)重金属铅（Pb）含量分布图

图 7-5　研究区重金属砷（As）、铅（Pb）含量分布图

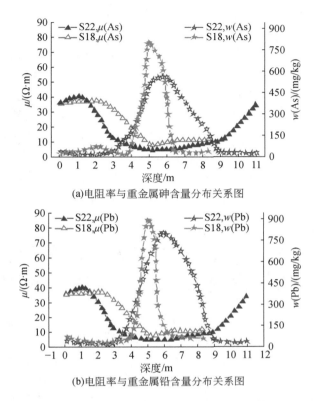

(a)电阻率与重金属砷含量分布关系图

(b)电阻率与重金属铅含量分布关系图

图 7-6　研究区地下土壤电阻率与重金属砷、铅含量分布关系图

μ 表示电阻率，w 表示浓度

S18 和 S22 点位均位于原污水处理池（池底埋深为 2.5m）的下游，其上层地层为较松散填土，厚度约 5~6m，下层为粉质黏土，地下水位埋深约为 4m。两个点位重金属砷、铅的含量均在大约 4m 深度位置含量开始增加，推测该污染是由于污水处理池底发生污水（含有多种重金属离子）泄漏下渗到填土层中（渗透性较好），在地下水动力的驱动下污染物（重金属砷、铅）经水平和垂向迁移导致 S18 和 S22 所在位置的 4~8.5m 范围遭到了不同程度重金属砷、铅的污染。

7.1.4　结论

本案例采用感应电磁法和高密度电法对城市地块土壤重金属污染地块进行了联合探测，同时对研究区的土壤样品进行了 X 射线荧光（XRF）测试及实验室化学分析测试，结果表明：

（1）感应电磁法和高密度电法联合探测结果表明，研究区磁化率数值大于 500 的区域（疑似重金属污染区域）主要分布在废渣堆放区及污水处理池下游的下部地层，低阻（电阻率低于 8Ω·m）异常区域分布于上述两个区域地下 0~8m、3.5~10.5m 的深度。通过感应电磁法和高密度电法技术联用在三维空间上细化表征了疑似重金属污染区域的分布状况，可指导后期调查的靶向布点及采样深度的设置，从而提高调查的效率、节约调查的成本以及提高调查的准确性。

（2）XRF 现场测试与化学分析结果验证表明，S4、S9 所在的废渣堆放区上部地层重金属砷（As）、铅（Pb）含量较高，XRF 测试的最大超标倍率达到了 11.5，最大检出含量分别为 1170mg/kg、2700mg/kg，该区域对应的磁化率数值均大于 700，电阻率均小于 8Ω·m；S8、S14 所在的原污水处理池填埋区域重金属砷（As）、铅（Pb）含量较低，其对应的磁化率数值分布在 0～300，电阻率分布在 10～35Ω·m。由此可知物探划定的疑似污染区域与分析测试探明的污染区域吻合性较好。

（3）建议在今后重金属污染地块调查时，利用物探技术与传统的（钻探+取样）污染地块调查方法相结合，构建一套靶向、高效、精准的集成技术与方法，以实现快速、精准化地展示出重金属污染地块中污染物的空间分布。

7.2 探地雷达、感应电磁法及高密度电法在废矿渣填埋场的调查中的应用

某化工地块废矿渣填埋场有大量矿石废渣堆填，但废渣填埋的范围及深度不详。某单位采用探地雷达、感应电磁法、高密度电法三种地球物理勘探技术对填埋区域进行表征，初步摸清填埋区废渣的填埋范围及深度，为后续钻孔采样点位布设、采样深度及分层设置提供了重要的依据。通过地球物理勘探结合传统采样分析，明晰了废渣的填埋情况、土壤和地下水的污染状况，为后续废渣的处置、土壤和地下水污染防治提供重要依据。

7.2.1 探地雷达在污染地块调查的应用

测线区域为裸露地表，平整度不高且土质较软，不具备使用推车搭载天线测量的条件，因此通过人工移动及放置雷达天线的方式以等间距测定法收集探地雷达数据。根据以上测线布设的原则，该区域的测线布置如图 7-7 所示，现场工作情况如图 7-8 所示。

以测线 1 为例（图 7-9），对获得的探地雷达数据进行处理及解读。由雷达剖面图可见，地块整体上浅层 1～2m 均为弱反射区，强反射信号集中在地下 2～8m 深处。地表弱反射区主要为相对均匀的杂填土、矿渣与原生土壤的混合物，受地面活动及雨水气候的影响土壤结构较为紧实。次层高反射区主要为矿渣填埋层，深度为 4～8m，该层填埋物结构松散、组成复杂、均匀度较低，存在大量由不同介电常数的物质组成的界面，与原生土壤的雷达反射信号有较大差异。

7.2.2 电磁法在污染地块调查的应用

项目组在 GPR 探测区域开展了对应的感应电磁法探测，现场工作照片如图 7-10 所示，图 7-11 为感应电磁法探测轨迹。

图 7-7　探地雷达测线布置图

图 7-8　探地雷达作业现场图

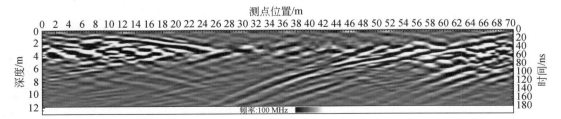

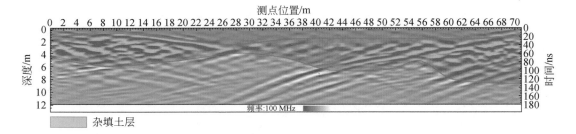

图 7-9　探地雷达测线 1 雷达反射剖面图

图 7-10　感应电磁法探测作业现场

图 7-11　感应电磁法探测轨迹

各频率下电池探测仪获得的同相和正交信号经反演转换为电导率和磁化率插值，处理制得平面等值面分布图，如图 7-12 所示。

由于废渣填埋场存在大量金属矿物废渣，这些废渣含较多金属元素，电导率高，对电磁信号有较强的吸收作用，感应电磁法探测接收到的二次信号较为微弱。根据感应电磁法探测所得的电导率等值面图，可见高导区集中分布在北侧 A1 区域，即填埋区山脚侧，且该区域在较低频率下测得的电导率分布图上依然存在高导异常，高导废渣填埋较厚。A2、A3、A4 区域在低频率下异常不明显，废渣覆盖较薄。

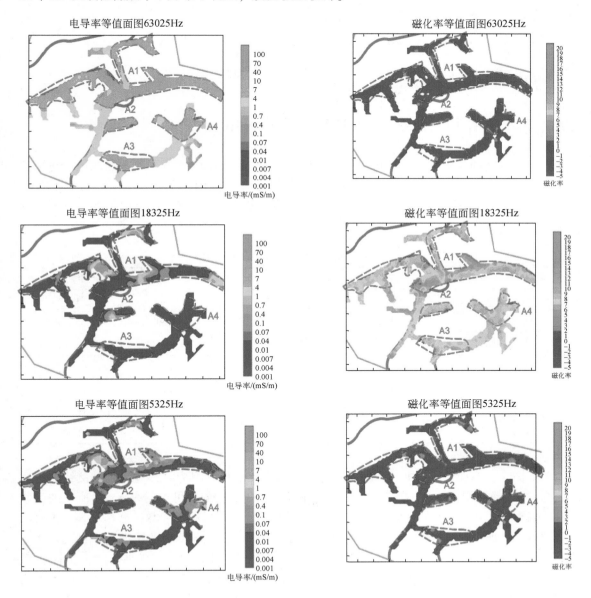

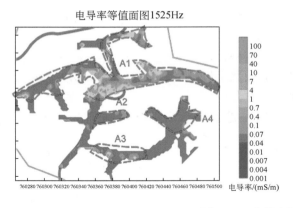

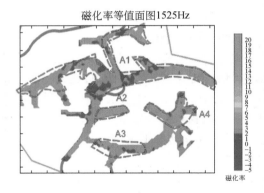

图 7-12　电导率及磁化率等值面图

7.2.3　高密度电法在污染地块调查的应用

根据场地的范围、地形及作业条件，7 条测线均布设在场地地表裸露的区域，与探地雷达及感应电磁法探测作业区域基本一致。测线 A、B 位于山脚东部，临近山脚挡土墙；测线 C、D 位于山坡中部；测线 E 位于山脚本部；测线 F、G 位于接近山顶处。各测线的基本参数如表 7-3 所示。

表 7-3　地块高密度电法测线基本参数

测线名称	测线长度/m	电极数/个	电缆数量/个	测量有效深度/m	测线方向
A	70.5	48	2	11.75	西—东
B	27.0	19	1	4.50	西北—东南
C	46.5	32	2	7.75	西—东
D	67.5	46	2	11.25	南—北
E	34.5	24	1	5.75	西—东
F	45.0	31	1	7.50	西—东
G	70.5	48	2	11.75	西—东

如图 7-13 及图 7-14 所示，测线 A、B、C、E 及 G 以低阻为主，测线 D 和测线 F 整体为高阻。测线 B 与测线 A 尾端相连，位于填埋区东侧山脚处。可见测线 A、B 所在的区域自地表至地下约 7m 深的区域填埋有高电导性的矿渣，测线 A 起始 48m 处至末端、测线 B 首端至 8m 处约有 2m 厚的高阻层，可能为干燥的杂填土。测线 C 的情况与测线 A、B 类似，6~28m 处近地表至地下 6m 为低阻矿渣，28m 至测线末端地表有厚约 2m 的高阻覆土，底部为低阻矿渣。测线 D 为填埋区车行道路，整体电阻率较高，地下可能以原生土为主，无矿渣填埋。测线 E 位于填埋区西侧接近山脚的区域，自测线首端至 13m 低阻层厚度约 1.5m，13m 至测线末端为约 5m 厚的低阻层。测线 F 和测线 G 首尾相连，均位于南部

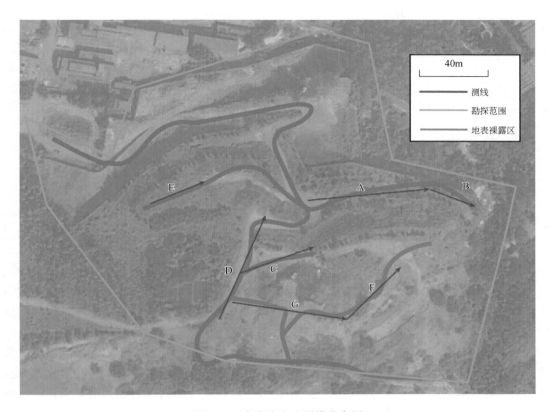

图 7-13 高密度电法测线分布图

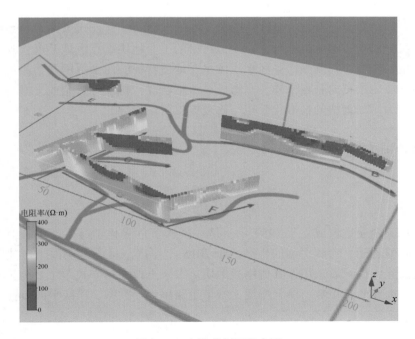

图 7-14 电阻率剖面组合图

接近山顶的区域，测线 F 未见明显低阻层，可能地下填埋物高导矿渣含量较低。测线 G 低阻层在 21~42m、57m 至测线末端，厚度约为 2~4m 的区域。测线 F、G 相对于位于山坡或接近山脚的测线 A、B、C、E 低阻层厚度更薄，电阻率相对更高。总体来看，矿渣填埋区自山顶至山脚均有高阻层矿渣分布，其中山脚处填埋的矿渣比山顶处的要厚，尤其是测线 A、B 所在的山脚东面区域以及测线 E 所在的山坡区域，矿渣填埋深度可能超过 10m。

7.3　MIP 技术在有机污染地块调查中的应用

7.3.1　问题描述

传统调查方法存在周期长、成本高、布点缺乏针对性以及土壤调查刻画精度不够的问题，在成本以及调查周期的限制下，传统钻探调查难免存在以点代面的情况。传统调查方法常使用无污染点位连线框定的方法确定无污染区，并且由于土壤介质的不连续性，传统调查方法难以科学、准确、快速地刻画出地块内水文地质及污染物的三维分布情况，对污染范围、污染体量的测量精细度不高，往往存在框定的修复区域远大于实际污染区域的情况，难以准确估计修复成本，对地块及地块管理单位的决策支撑不足。相比传统调查方法，环境地球物理探测方法能获取二维甚至三维污染物的分布情况信息，克服了钻孔法以点代面的缺点，同时作为一种无损调查技术，能实时监测污染扩散迁移的趋势，很好地弥补了传统调查方法的缺点与不足。

本地块利用薄膜界面探测（MIP）技术，将三维物探、直推式场调平台系统调查及传统土壤污染状况调查技术有机结合，对疑似污染的工业地块重点区域开展快速三维风险调查，精准定位污染源，并刻画污染区域三维水文地质特征、污染范围及污染迁移分布三维特征，进而开展三维靶向布点采样，明晰土壤污染状况，科学分析企业土壤污染风险和土壤污染状况，为污染地块的精准化管控与修复提供科学指导。

7.3.2　探测方法

1. 地块基本情况

某华南化工企业地块成立于 1959 年，是一家从事危险化学品生产的国有企业，主要从事甲醛、乙酸乙酯、乙酸丁酯的生产，于 2015 年停产。目前地块内生产建筑及工业设备已经完全拆除，拆除后未作其他用途地块。未来土地利用方式中主要为公园绿地、二类居住用地、商业商务用地、体育用地、城市道路用地等类型。厂区平面布置图如图 7-15 所示。

通过现场踏勘、调查访谈，收集场地现状和历史资料及相关文献，分析调查区域的平面布置、生产工艺、原辅料、污染物排放和污染痕迹的可能性，认为可能导致土壤和地下水污染的主要物质为重油、机油、柴油，代表性的化学污染物是多环芳烃、苯系物、石油烃等。在输送和存储过程中可能存在渗漏以及锅炉燃烧时产生的污染物由大气沉降导致周边土壤和地下水产生污染，主要集中在重油罐区、重油池及锅炉房周边区域。

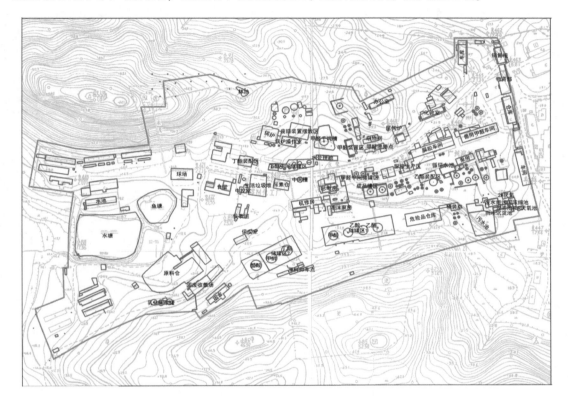

图 7-15　地块厂区平面布置图

2. 探测区域

在对所搜集地块的相关资料分析、地块现场踏勘和人员访谈以及地球物理探测结果的基础上，主要采用专业判断布点法，布设薄膜界面探测点位。根据以上要求，确定测线测点布设的基本原则如下。

（1）调查区域重点功能位置：本次薄膜界面探测范围主要功能区有重油罐区、锅炉房、废旧装置摆放区和锅炉房操作室等，潜在污染途径主要有原料跑冒滴漏、有机废水存积和下渗等。根据调查区域企业的生产工艺、厂排污情况以及现场踏勘，重油罐区和锅炉房两区域的污染风险较大，是本次探测的重点关注位置。根据现场污染识别的情况，将薄膜界面探测的点位布设在调查范围内的关键污染位置。

（2）测线垂直地下水流向：根据调查区域的地形图和现场地形地貌踏勘情况，调查区域西北侧为山地，地势较高，从调查区域的西北往东南方向地势逐渐降低，判断调查区域地下水流向是从西北往东南方流动，根据调查区域污染物随地下水迁移的方向，测线方向均垂直于地下水流向。

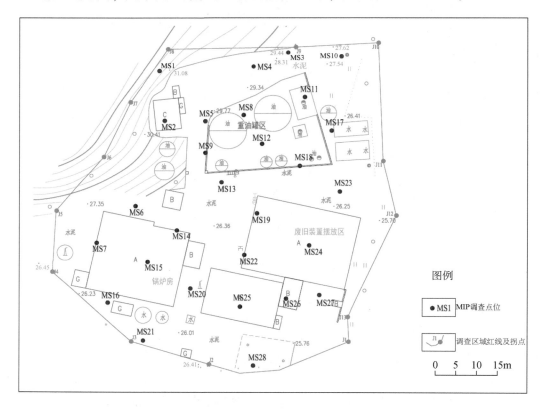

（3）基于地球物理探测结果，电阻率异常区（高电阻区域）主要分布在重油罐区、重油罐区下游以及锅炉房区域。将地球物理异常区域作为薄膜界面探测的重点区域，在该区域分别布设薄膜界面探测点位。

（4）测线测点布设间距：本次薄膜界面探测的测线测点的间距均控制在 10～20m（关键污染位置区域的测线测点的间距有所加密）。当设计点位现场探测浓度值较高时，可以该点位为中心，按 1～5m 的间隔距离进行加密探测。

（5）为了准确探明调查区域污染物的空间分布范围及污染浓度，在识别的疑似污染区域及地球物理异常区域内和周边分布布设薄膜界面探测点位，进一步细化（半定量）调查污染物的空间分布情况。

根据上述原则，共布设了薄膜界面探测点位 28 个，点位布设见图 7-16。

图 7-16 薄膜界面探测点位平面分布图

3. 探测深度

根据调查区域特征、土层结构、地下水的深度、污染物进入土壤的途径、地球物理探测划定的异常区域、污染物的迁移规律以及地面扰动深度等因素，结合调查区域水文地质条件及现场薄膜界面探测实时探测情况，确定探测的深度及垂向测试点位间距的设置，具体要求如下：

（1）本次薄膜界面探测的深度在 4 ~ 11m；

（2）垂向测试点位密度为每 0.3m 采集一个点，在表层（0 ~ 0.5m）、地层变层位置、地下水位附近等位置分别设置测试点位，个别点位根据污染物探测的实时浓度数据判断是否加密垂向测试的数据采集位置（如现场实时测试的浓度较大，则垂向测试点位密度可增加到每 0.1 ~ 0.2m 采集一个点），垂向测试点位模型如图 7-17 所示。

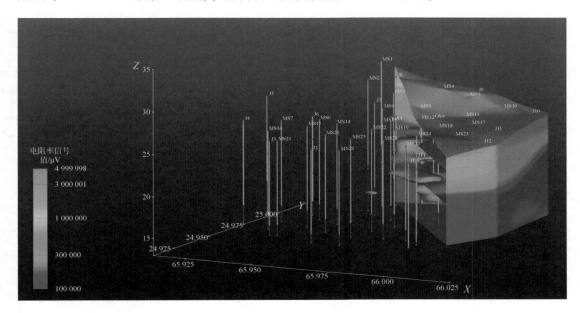

图 7-17　薄膜界面探测点位三维分布图

4. 实验室分析采样点位

为对 MIP 与实验室分析结果进行分析，对调查地块内按污染地块调查原则进行初步采样布点。根据地块特征、土层结构、地下水的深度、污染物进入土壤的途径及其在土壤中的迁移规律、地面扰动深度等因素，结合地块水文地质情况、相关技术文件来确定土壤采样点位和采样深度，共布设 6 个土壤采样点位，采集了 27 个土壤样品，点位情况详见图 7-18。

7.3.3　测试结果与分析

1. MIP 检测结果

根据 MIP 在地块实测的结果，地块内存在两个不同 VOCs 的污染区域，其覆盖的点位包括 MS8、MS11、MS12、MS18、MS15（图 7-16），其中 MS8、MS11、MS12 样品超标率排在前三位。超标筛选值点位皆处于重油罐区和受污染物迁移影响到的区域。

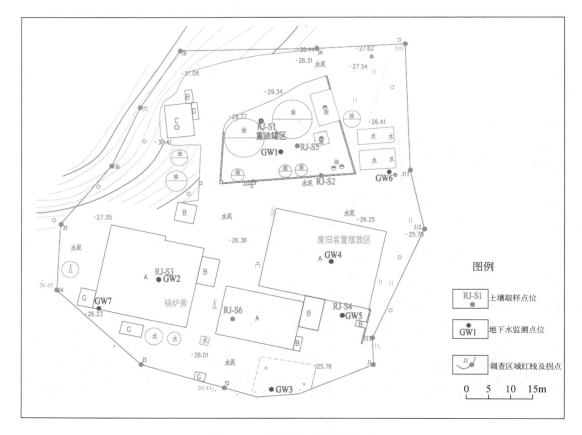

图 7-18　初步调查点位布设图

综上可知，MIP 工作点位样品超标率和最大超标倍数的火焰离子化检测器（FID）、光离子化检测器（PID）测试结果基本一致，且超标最显著的区域都处在 MS12、MS11、MS8 点位的重油罐区，以及其南偏西的方向。这主要是由于油罐发生泄漏，同时工作区地势大致呈现北高南低趋势，地下水流动主要由北偏西向南偏东流动，在丰水季节，地下水携带污染物迁移到下游区域，导致了污染区域大致呈现南北方向长条形分布（图 7-19）。

2. 实验室检测结果

根据实验室检测结果，27 个土壤样品中有 19 个样品检出石油烃，其中 10 个样品超筛选值，挥发性有机物共检出 11 项，其中苯和乙苯超筛选值。半挥发性有机物共检出 17 项，超筛选值的污染物有苯并［a］蒽、苯并［a］芘、苯并［b］荧蒽、二苯并［a，h］蒽、茚并［1，2，3-cd］芘和萘。以石油烃检测结果为例，刻画地块污染范围见图 7-20。

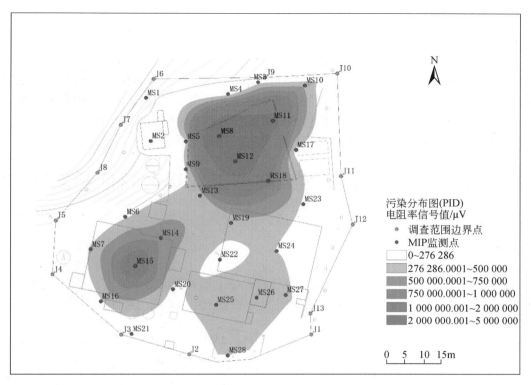

图 7-19　污染状况分布（PID）

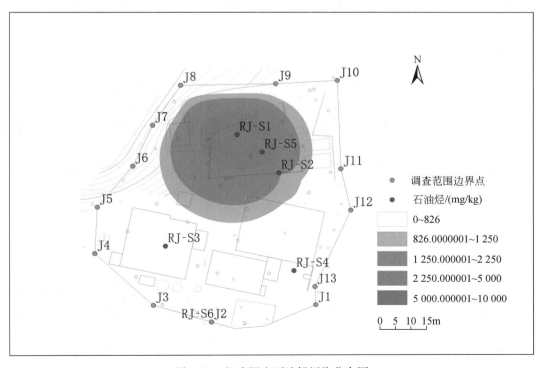

图 7-20　初步调查石油烃污染分布图

7.3.4　调查总结

综上，MIP 与实验室分析数据相比，均推断出了重油罐区为污染源。MIP 技术实现了快速地、实时地对有机物污染浓度（半定量）随着地层深度的连续记录，MIP 技术的低成本、高效率、强适应性、环境友好性等优势大幅降低调查时间和费用成本，且 MIP 技术受仪器本身加热温度的限制，对土壤中挥发性有机污染物的响应较为灵敏。

7.4　基于 CPT 技术的某典型工业场地特征参数获取

7.4.1　问题描述

某典型工业（航空工业园）场地三面环海，位于相对平坦的土地上，平均海拔约 6m。该场地表层主要是由中粗粒、级配较差的砂土和粉砂土组成的填土。在一些地区，填土下面是有机粉土和黏土。

在场地东北部的重工业区，生产涉及多个工艺流程，重点区域包括飞机测试、维修车间以及相关的化学品储罐和管道。该地区的地下水位约高于平均海平面 1.5m。地下水流向为东北向西南，最终流入海湾。地下水主要的污染物是挥发性有机物和六价铬。为了获取该地区地层分布和污染物分布情况等有关数据，本次利用 CPT 技术进行相关调查。

7.4.2　实施过程

根据收集所得的场地有关资料，结合现场踏勘，本调查在污染扩散羽的下游布设了 10 个 CPT 钻孔，用于评估土壤性质及开展分析。在对收集所得资料的整理与分析的基础上，将现场钻探所得的地层数据信息绘制成地层剖面图，有助于进一步明确污染物发生迁移时受到的影响主要是来自构造还是沉积特征。在本次使用 CPT 技术对重污染典型区域的土壤性质进行调查评估的工作中，可以在无需采集土壤样品进行实验室检测的情况下，通过对钻孔数据的采集分析，快速确定重点区域并开展采样，且无需建设永久性的监测井位。

7.4.3　调查总结分析

通过本次调查，可总结得的相关经验如下：①技术人员在现场对土壤性质进行分析可能会存在误差，利用 CPT 技术则可以收集得到更为连续且完整的数据集，为后期更专业的技术人员进行解析提供了较大的便利；②调查中可在采样时设置不同的时间间隔、不同的水力特征作为采样条件，提高调查的精确程度与灵活性；③相对于其他传统钻探方法，本次调查中使用的 CPT 技术能够更好地刻画地层局部结构（如断层），比传统表征方法，如钻探，成本可降低约 50%，且能够获得更多的数据。

7.5 基于 HPT 技术的某典型储油厂水文地质调查

7.5.1 问题描述

在 19 世纪末至 20 世纪 70 年代初，某油类储藏设施在使用寿命期间，疑似发生了杂酚油泄漏。20 世纪 70 年代初，该设施发生火灾，导致多个大型储罐破裂。杂酚油由此流入附近河流，污染土壤、地表水和地下水。火灾发生后，该设施被废弃。1976～1987 年完成了几项调查。1982 年，该地点被列入国家优先事项清单。1991 年，地下水处理项目开始实施，作为清除杂酚油地下水羽流的补救措施。

该设施的地下水处理系统继续运行，从位于河口对岸的两个现场恢复井截面和一个场外截面中恢复地下水。

处理系统每月可回收大约 100gal 的 DNAPL，并且在三个截面的回收井中都观察到了DNAPL。最近评估提供的信息表明，地下水清理尚未达到降低 DNAPL 的相关效果。

7.5.2 实施过程

2018 年，技术人员使用焦油专用绿色光学筛选工具（TarGOST）和 HPT 对该区域进行了调查，用以了解 DNAPL 的污染范围，并协助评估前期补救措施的有效性。选择TarGOST 进行污染范围刻画，以描绘当前 DNAPL 羽流范围。

调查的初始目标包括：使用现有井和 TarGOST 进行现场筛选，从而大致了解 DNAPL的分布范围，并收集土壤、地下水、沉积物，以及选定地点的填埋灰样本，以确认污染物当前的大致浓度。该评估旨在确定是否存在 DNAPL，而不是产生定量结果。

HPT 在本项目中被用于估计导水率和复杂的河流-地下岩性（包括非均质的互层砂、粉土和黏土），可在非典型位置捕获 DNAPL 的信息。

TarGOST 工具已经在另一个杂酚油现场证明了其选择性检测杂酚油、提供即时数据的性能以及其可通过直接推送的方法而易于使用，因此选择使用 TarGOST 工具来表征原位DNAPL。此外，该工具调查产生的废弃物最少。TarGOST 系统通过蓝宝石窗口探头将532nm（绿色）激光的快速脉冲定向到土壤上，进行直接荧光测量。如果存在杂酚油，其中的多环芳烃将吸收一些光并发出荧光脉冲，这些荧光脉冲通过窗口反馈回来，并由TarGOST 的时间分辨检测器记录。HPT 被应用到筛选工作中，以计算导水率并估计复杂的河流-地下岩性，该岩性由分层的粉土和黏土组成，可在某些非典型分布的位置捕获DNAPL。

在现场工作之前，通过 TarGOST 测量回收杂酚油样品的荧光响应，若由此产生的响应很高，则表明 TarGOST 很容易在原位检测到 DNAPL。现场调查于 2018 年 3 月启动，根据1988 年的估计，在 DNAPL 羽流的覆盖范围内使用 TarGOST 进行了筛选。在 2018 年 3 月和4 月其中的五天内，共筛选出 33 个点位。2018 年 11 月中的四天内，又对 14 个点位进行了筛查。最大筛分深度为地面以下55ft，与杂酚油的历史分布情况相吻合。在大约25%的筛选位置进行了土壤和地下水采样以及土壤测井，以确认TarGOST观察结果并确定杂酚油羽流中的污染物。

7.5.3　调查总结分析

根据调查结果，虽然DNAPL羽流尚未完全划定，但TarGOST确定了现场采样位置是否存在DNAPL，并大致了解了其分布范围。HPT印证了20世纪80年代和90年代描述的现场岩性的正确性，将使用本次调查结果来评估前期污染补救措施的有效性。

值得注意的是，天然有机物质也会发出与本次目标污染物类似的荧光，但与杂酚油的荧光特征不同，由此可以区分污染物与天然有机物质。在多个测试位置观察到具有可变荧光的根系和有机碎屑，两者的散射波长与荧光特征都有明显的不同，在区分目标DNAPL和天然有机物质方面发挥了关键作用，说明该调查方法对于调查目标DNAPL是较为适用的。

7.6　直推平台的 LIF 技术在 PAHs 污染沉积物原位调查中的应用

7.6.1　问题描述

北美五大湖脆弱的生态环境在20世纪70年代既已显现。为此，美国和加拿大联合成立了国际联合委员会（International Joint Committee，IJC）。五大湖中的主要关注有机污染物之一是PAHs。PAHs具有溶解度低、疏水吸附能力较强以及较低挥发性的特点，因此属于环境持久性化合物，可以被包括悬浮颗粒和底部沉积物在内的固体强烈吸附。此外，PAHs在有机碳上的高分配特性是其具有较高生物浓缩率以及易于进入食物链的根本原因。尽管目前这些化合物向五大湖的排放量已显著减少，但湖底受到PAHs污染的沉积物仍可以通过底栖生物进入食物链。受一系列复杂的政治、经济和科技因素的影响，五大湖污染沉积物的修复工作进展十分缓慢。其中主要的科技因素影响是"无法明确问题的严重程度"。IJC确定了一个需要进一步研究和开发的关键领域，即沉积物的准确物理识别和区分，从而实现成本效益评估和清理。

对于沉积物污染调查的通常做法是基于离散化的采样网格，将沉积物进行取芯获得的样本送至实验室进行测试分析。实验室测试分析通常比较昂贵，因此在实验室测试分析之前往往需要对垂直方向的样本进行多次混合以降低调查成本。但是这种做法会导致垂向的离散性较差。以往对五大湖沉积物污染的调查工作是基于间隔数百米的采样网格。这显然不足以为确定最佳修复技术提供支撑。有效修复应基于对现场条件更加细致的了解，至少需要一个间距为几十米的采样网格。为此，以威斯康星大学（University of Wisconsin）的Aldstadt教授率领的技术团队基于直推平台联合激光诱导荧光（DP-LIF）技术来对沉积物中的 PAHs 进行原位测试。

研究团队提出了一种成本低廉、快速的且可垂直离散的原位技术。该技术的优势体现在以下几个方面：①可以清楚地评估沉积物污染的区域范围和浓度水平。这些背景信息是决定修复设计和修复成本的先决条件。②可为疏浚工作提供现场指导。③可为修复后的长期监测提供指导。④通过垂向上的离散化，可以更好地了解整体沉降速率以及生物扰动或其他再悬浮过程。这些过程对于了解污染物从沉积物至上覆水柱和生物群的迁移通量尤为重要。⑤作为一种实用的数据收集技术，可用于未来沉积物污染趋势的长期分析和监测。

7.6.2 系统组成

目前，美国已拥有 7 个商业化的 DP-LIF 系统。其中可供研究和开发使用的仅有属于 Dakota Technologies，Inc. 的系统。

整个系统由以下子系统构成：

（1）设备控制及数据采集电脑。主要控制单色仪、示波器、GPS 以及深度和采集模块。主机内的程序软件可在测试过程中连续记录波形，通过整合整个荧光波形并绘制其强度与深度的关系来实时显示测试结果，并在测试结束时生成日志的全彩图片。

（2）示波器。提供两条通道：第一条通道用来显示代表光子到达检测器的电压-时间波形；第二个通道监测电能表，以记录激光能量性能。

（3）激光器。用来产生光脉冲，提供并监测激发沉积物中存在的绝大多数 PAHs 所需的能量。

（4）深度控制及记录模块。用来准确记录探针在沉积物中推进或回收时的位置，以便记录 PAHs 荧光与探测深度的关系，并将记录结果反馈给计算机。

（5）探头。结构及测试原理详见 3.4 节。

（6）光缆。光缆由柔性聚氨酯包裹的不锈钢护套所保护的两条石英光纤组成，一条提供激发脉冲，一条用于将产生的荧光的一部分传回地表。

（7）排放检测系统。采集光纤返回从沉积物中收集的整个"白光"光谱。"白光"是一个多通道（多波长）检测系统，因此必须使用一个单色仪将"白光"分散成"彩虹"，然后对该"彩虹"的固定四个区域（340nm、390nm、440nm 和 490nm）的采样进行检测。

7.6.3 现场实施方法

该项目的关键部分是开发了将 LIF 探头送入水下沉积物，并从圆锥动力触探（DPT）杆与光学窗口共线的深度收集沉积物样品的方法，由此可以实现在同一位置进行检测和取样。采集的样品可以用来直接校准 LIF 对同一沉积物中测量的 PAHs 浓度的响应。运载工具和沉积物采样器都设计集成于水面船只上进行操作，可以对水面以下 45ft（约 13.7m）深的沉积物进行检测和取样。

船上运载工具（shipboard delivery vehicle，SVD）由一个钢框架组成，支撑着一个 9ft（约 2.7m）高的类似 DPT 的推杆组件。该框架有一个矩形（1m×1.5m）钢板底座，钢板中心有一个可供 DPT 杆通过的孔。SDV 的总干重为 780lb[①]。推杆组件通过链条驱动装置推动，动力由可逆电机和齿轮减速驱动装置提供。工作时贯入的最大速度为 2cm/s。

SDV 配有 2 只通过电动电磁截止阀控制的气浮罐。通过排水充气或排气充水，SDV 可以自动设置为正浮力（浮动）、接近中性浮力（水下重量约 50lb）或全重浮力（装满水的浮动储罐）。

SDV 上的辅助设备包括自动限位开关、推杆组件、摄像机和灯、液位指示器、"底部"指示器开关和测量推杆穿透深度的仪器。贯入仪能够以毫米分辨率在上下方向连续监测沉积物–水界面下 LIF 探头的位置。

SDV 是完全潜水的，使用时仅通过顶部的提升电缆和脐带电缆连接到水面容器。脐带电缆包括一根 Kevlar 强度构件、一根用于供电的多导体电缆、阀门控制和开关电缆、一根光纤电缆（带两条光纤线）、一根视频馈电电缆和压缩空气管线。所有控制装置均连接至水面船舶上的防风雨控制箱。最大作业深度仅受脐带电缆长度的限制。

SDV 专门用于美国国家环境保护局（EPA）大湖国家项目办公室（Great Lakes National Program Office，GLNPO）负责维护的研究船（R/V Mudpiple）。同时它也可以与任何具有交流电源和足够大起重能力的船只一起使用。浮动 SDV 被系在 R/V Mudpiple 的方形船首，并被推到感兴趣的位置。船在现场锚定后，释放 SDV，气浮罐注入部分水，达到 50lb 的预设负浮力。当 SDV 通过提升缆绳轻降至水底时，气浮罐完全注满水，然后使驱动推杆组件进入沉淀物中。当位于推杆组件尖端附近的 LIF 探针进入沉积物时，采集到实时荧光信号，并立即打印纸质副本。完成推进后，顺序颠倒：收回推杆，SDV 重新浮起，系在船上，并移动到下一个位置。整个过程，包括锚定和运输时间，大约需要 30min。图 7-21 显示了带有标记的组件的 SDV。图 7-22 显示了连接到 R/V Mudpiple 的运输中的 SDV。

7.6.4　现场工作程序及方法

最后一次实地演示集中在威斯康星州密尔沃基的金尼克尼河最下游。在 2.5d 的时间里，沿金尼克尼河从琼斯岛污水处理厂附近的河口上游至第一大道和海滩街桥之间的中点共有 10 个采样点（包含 3 次平行采样点）。图 7-23 是一张带注释的航空照片，显示了采样位置和相关地标。

每个钻孔站点至少执行一次 LIF 推送。在站点 6.5，将 SDV 重新定位到距离原始位置约 1ft 的位置后，进行了重复推送。这样做是为了检查 LIF 信号的再现性。在站点 5.5，以更快的穿透速度进行了重复推送。这样做是为了检查更快的贯入速度会损失多少垂直分辨率。

项目中原本设计由与 LIF 同步的沉积物采样器在站点 1、站点 3、站点 5 和站点 7 采集样本。在随后的一次推动中，采样器发生了损坏，故不再以这种方式采集样本。当 LIF 现场工作完成后，随即在 8 个取样点采用振动取芯（VibraCore）法对沉积物进行取样。

---

①　1lb＝0.453 592kg。

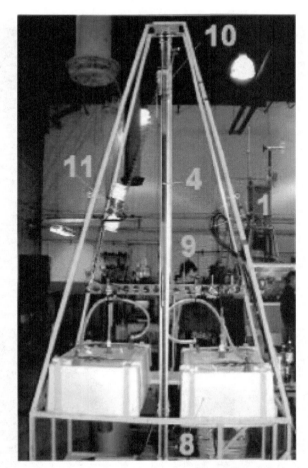

图 7-21　SDV 组件以及关键外围设备

1. 脐带电缆；2. DCAM 传感器；3. 驱动马达；4. 推杆；5. 摄像机；6. 摄像灯；

7. 限位装置开关；8. 气浮罐；9. 气压阀门；10. 推杆驱动头；11. 沉积物取样器阀门

图 7-22　位于 Milwaukee 港的 R/V Mudpiple（SVD 系于船头）

图 7-23　研究区域的地形图
LIF 测试站点用站点编号标出；图片顶部为正北方向

取芯管在现场密封，避光冷冻运输至实验室并使用气相色谱–质谱联用（GL-MC）方法分析。共有 44 个沉积物样品通过 GC-MS 方法进行分析，其中 36 个来自这些岩芯样品，其余 8 个是在密尔沃基港（Milwaukee）其他地方使用蚌式采样器采集的沉积物表面样品。

在实验室中，将收集用于 GC-MS 方法分析的 44 个样品的等分样品直接暴露于 LIF

窗口，并获得 LIF 光谱。这些样品被用作校准集，以建立化学计量学模型，该模型将 LIF 光谱与每种 PAHs 的已知浓度相关联。需要指出的是，在该校准装置中，GC-MS 和 LIF 测量在完全相同的沉积物上进行，从而消除了样品位置或地层差异造成的任何偏差。

7.6.5　数据分析及校准方法

校准时建立一个偏最小二乘回归（partial least squares regression，PLSR）模型，构建 16 种 PAHs 的 LIF 光谱与 PAHs 浓度之间的联系。通过在 LIF 探头的光学窗口上涂抹由振动腔采集的沉积物样品，收集 LIF 光谱。这些光谱与相同沉积物的标准测试分析结果相关。共收集 20 个重复光谱，在删除这 20 个光谱中的前两个和后两个光谱后，生成平均光谱。对校准集中的每个样品重复此操作。为了测试一些常见的预处理策略，建立了一些初步的 PLSR 模型。对于这些数据，我们发现自动缩放效果最好。对于多波长波形（multiple wavelength waveform，MWW）矩阵中的 351 个点，计算每个样本的平均值和范数，然后用平均值减去每个样本，再除以标准值。此操作为 351 个数据点中的每个点赋予相等的权重。将模型应用于实测数据时，发现需要进一步的预处理。实测数据的 LIF 强度与标准数据的强度显著不同。因此，在对变量进行自动缩放之前，需要对校准集和井下数据的每个 MWW 进行 0~1 之间的缩放。尽管绝对强度信息丢失，PLSR 仍然通过查看每个 MWW 的 351 个光谱点的相对强度成功地建立了定量模型。

7.6.6　结果及讨论

使用 SDV/LIF 系统的现场测试项目成功地证明了 SDV 和 LIF 系统在现场快速收集荧光深度剖面的能力。在 2.5d 的时间范围内，收集了 10 个剖面，其中包含 2 个重复性剖面。在 10 个剖面位置都实现了 9ft（约 2.75m）的完全穿透。仅一个采样点位置在 5ft（约 1.5m）深度，LIF 探测器遇到了障碍物，因此产生了第三个钻孔站点（站点 6）。SDV/LIF 系统穿透这些沉积物的能力远优于 VibraCore 系统。

在站点 6 进行的两次平行测试结果，用于说明 LIF 信号的再现性。两次测试在彼此相距 1ft（约 30cm）的范围内进行。结果显示出基本相同的光谱信息（颜色变化）和非常相似的总荧光响应。当贯入速度从 1.0cm/s 增加到 2.5cm/s 时，垂直分辨率损失。由此可知，以损失垂直分辨率来节省单个采样点贯入时间的做法是不值得的。所有采样点的标准贯入速度应保持在 1cm/s。

使用化学计量学数据分析法定量多环芳烃时发现，任何给定沉积物中的总荧光不仅反映多环芳烃化合物的存在，还反映沉积物中可能存在的任何其他荧光团。为了从背景荧光中提取多环芳烃荧光，需建立基于 PLSR 分析的化学计量学模型。

校准装置中的多环芳烃总浓度范围为 10~650μg/g 干重。对 43 个实际样本，选择其中的一个子集样本的基本特征进行了测量。粒度分布（砂、粉土、黏土和碳酸盐）范围广泛。正如在港口沉积物中预期的那样，有机碳的占比相对较高（1.2%~5.4%）。

7.6.7 结论

LIF 是一种原位检测港口沉积物中多环芳烃化合物的可行技术。但仅跟踪总荧光是不够的，必须建立一个合适的化学计量学模型来分离背景荧光和多环芳烃荧光。

在金尼克尼河进入密尔沃基港（Milwaukee）时，沿该河进行的现场测试表明，LIF 可以预测单个 PAHs，总体平均相对误差在 81% 以内。对于发现数量足以建模的 13 种多环芳烃，如果去除含有低于最低阈值限值浓度（2 ~ 10μg/g）的沉积物，平均相对误差将降至 28.5%。数据的可重复性非常好，该方法被证明适用于 PAHs 总浓度在 10 ~ 650μg/g 的沉积物。该技术测试的沉积物类型包含 1.2% ~ 5.4% 的有机碳和范围广泛的砂-粉土-黏土含量。

该技术提供了一种快速、经济、原位的方法，以厘米级的垂直分辨率检测 PAHs 污染，实时获得总荧光图，从而能够在现场完成采样工作。该技术适用于评估港口污染程度、确定疏浚工作的方向以及评估污染场地的修复效果。

7.7　井下电视在地下水环境监测井调查中的应用

7.7.1　问题描述

地下水环境监测井作为开展地下水环境监测工作的重要依托，其"健康状况"直接影响到监测结果的准确性。

井下电视是一种利用摄像头获取井下视频，通过电缆或光电复合缆（光缆）传输视频图像的成像测井设备，正如胃镜等医疗检测仪器在医学影像检查中的应用，视频图像信息使得监测井问题一目了然，非常适用于监测井"健康状况"的诊断。但目前的研究大多围绕着井下电视在油气田作业效果检查、油气井下事故勘察、气井堵塞诊断、地层岩性和岩石结构判断、断层和裂隙观测、夹层和岩溶探测及旧井修复等领域，鲜少有人探讨在地下水环境监测井调查中的应用。开展地下水环境监测井评估工作，为充分利用现有监测井推进地下水环境监测网建设提供科学技术支撑。

7.7.2　系统组成

1）基本原理

设备主机通过接收深度计数器传来的深度脉冲信号和探头传来的视频信号，将钻孔内实际情况进行实时视频录制和成图。深度计数器用来记录探头在钻孔内行进的深度，探头内带 LED 白光发光二极管和摄像机，用来摄取孔壁图像，获得的视频信号通过视频传输电缆传到主机。

2）主要参数及操作流程

采用的钻孔井下电视设备为JL-IDOI（C）智能三维钻孔电视成像仪，2000万像素宽视角全景彩色摄像头，探头直径为22～100mm，深度精度可达0.1mm，方位精度可达0.1°，可存储约2000M数据。工作前须做好前期准备工作，如配备至少2名工作人员、选取合适的探头直径、定制长度适宜的电缆线、完成设备调试、确保井内无其他设备等。连接主机、电缆绕线架和光学探头开始工作，将摄像头放置在井口中心位置、深度设为0并开始录像，人工缓慢下放摄像头并通过主机实时观察井内情况，发现异常情况可放慢速度或倒退重新观察以便获得可靠信息，摄像头进入水中后稍做停留以使图像更清晰，探头下至井底后，工作完成。保存视频和图像，回到室内下载传输到PC机上作进一步分析。工作现场照片见图7-24，井下电视主机屏幕见图7-25。

图7-24 工作现场

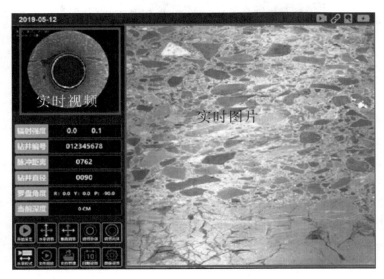

图7-25 井下电视主机屏幕

7.7.3 调查应用

1）井深、地下水位埋深及井斜测量

主机接收深度计数器传来的深度脉冲信号，可直接读取刚入水时刻（图7-26）、到达井底时刻（图7-27）的深度值来测量地下水位埋深和井深。探头内置高精度电子罗盘，用来测量其所在位置的钻孔方位角和倾角，井底和井口处倾角之差为井斜。

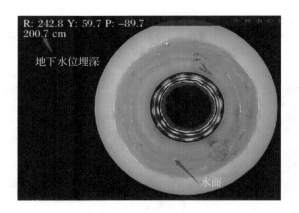

图 7-26　探头入水时刻

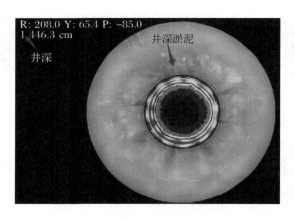

图 7-27　探头到达井底时刻

2）滤水管位置及监测层位确定

井下电视可以识别井壁管、滤水管和沉淀管情况，判断监测井是否含有滤水管及滤水管的具体位置，将滤水管位置信息与含水层信息进行比较可确定监测层位，也可进一步判断监测井是否串层。其可以完美解决建井资料不全无法了解井结构的问题。井壁管、滤水管、沉淀管识别图像见图7-28和图7-29。

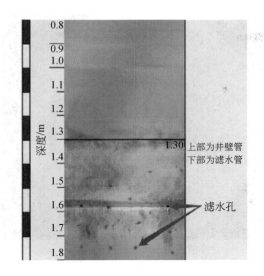

图 7-28　井壁管、滤水管识别

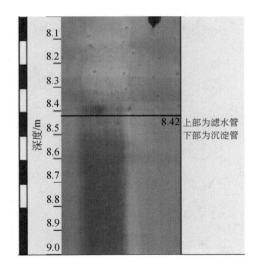

图 7-29　滤水管、沉淀管识别

3）井结构断裂识别

井下电视可识别井结构断裂、错位等情况，井结构横向断裂识别见图 7-30，井结构纵向断裂识别见图 7-31。

由图 7-30 和图 7-31 可见两眼监测井可能受周边施工影响，一眼横向断裂、一眼纵向断裂。需要注意的是，在识别井结构断裂时需观看视频，受平面展开图及放线速度等影响，图像文件有时难以识别断裂。

4）井水及井壁管清洁程度识别

井下电视在无水的井管中可清晰识别井结构，但进入水中图像会受水质影响，因此图像及视频可直观判断井水及井壁管清洁程度。井水清洁程度识别见图 7-32，井壁管清洁程

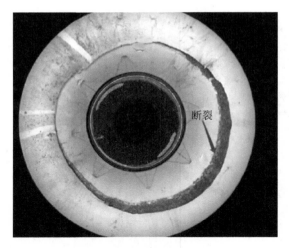

图 7-30　井结构横向断裂识别

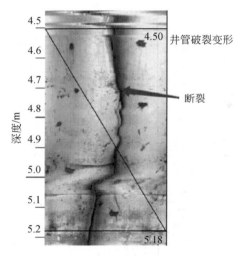

图 7-31　井结构纵向断裂识别

度识别见图 7-33。

　　图 7-32（b）显示井水中有大量絮状物，图 7-33（b）显示井壁管附着大量铁屑。需要注意的是，在识别井水及井壁管清洁程度时需观看视频，图像文件有时较难判断是井壁管污浊还是井水浑浊。通过井水及井壁管清洁程度识别可直观反映地下水的水质情况，为地下水污染防治工作提供基础。

　　5）井下异物识别

　　井下电视可识别井中异物及其所在位置，是异物打捞的关键。特别注意，在识别井下异物时需观看视频，图像文件有时难以识别异物。井下异物识别见图 7-34。

　　6）成果储存

　　井下电视的原始数据包括图像文件和视频文件，规范科学的成果储存与展示是监测井

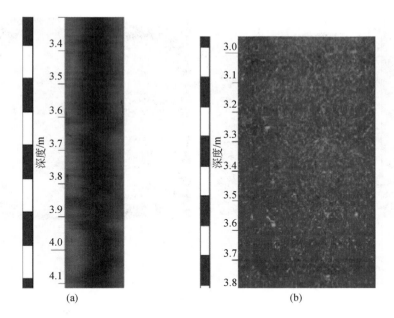

图 7-32　井水清洁程度识别

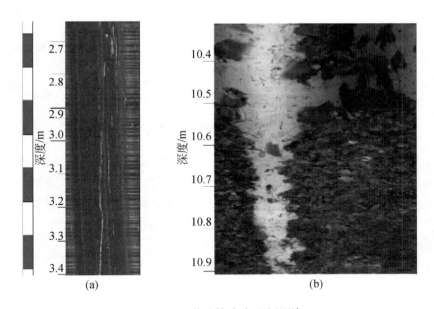

图 7-33　井壁管清洁程度识别

调查工作的重要内容。视频文件可直接用视频软件打开观看；图像文件需厂家提供的专门软件进行处理，处理过程中建立数据库文件，最终导出井下电视探查成果图。成果储存样式见图 7-35，井下电视探查成果见图 7-36。

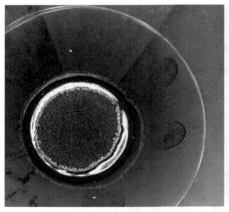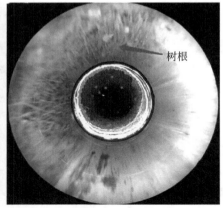

图 7-34　井下异物识别

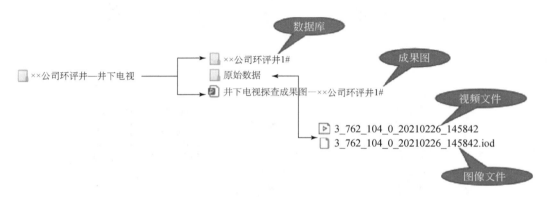

图 7-35　成果储存样式

由图 7-35 可见，每眼监测井一个文件夹，文件夹中包括数据库、原始数据（视频文件和图像文件）和成果图 3 个文件夹，规范的文件存储格式方便搜索、查询、修改和管理等，可极大提高工作效率。图 7-36 中可见井下电视探查成果图表头包括监测井基本信息、测井数据和调查记录，图中可标注滤水管、井壁管、沉淀管位置以及断裂、异物等，一张图可清晰了解井的基本状况。

7.7.4　调查总结

（1）井下电视操作简便，可提供直观的图像文件和视频文件，在地下水环境监测井调查中可测量井深、地下水位埋深及井斜，确定滤水管位置及监测层位，识别井结构断裂、井下异物、井水及井壁管清洁程度，是一种多功能、高精度和高效率的工作手段，值得推广应用。

（2）利用井下电视探查成果，可以直观准确地对监测井的"健康状况"进行诊断，为监测井评估和维护工作提供重要资料。

井下电视探查成果图				
监测井统一编号	123456		测井时间	2021.7.12
监测井名称	××公司环评井1#		井深	920 m
监测井地点	公司内		井径	外径160mm,内径154mm
测井人员	张三		井斜	顶角1.5°

高程/m	深度/m	展开图(1:14.6)	岩性描述	高程/m	深度/m	展开图(1:14.6)	岩性描述

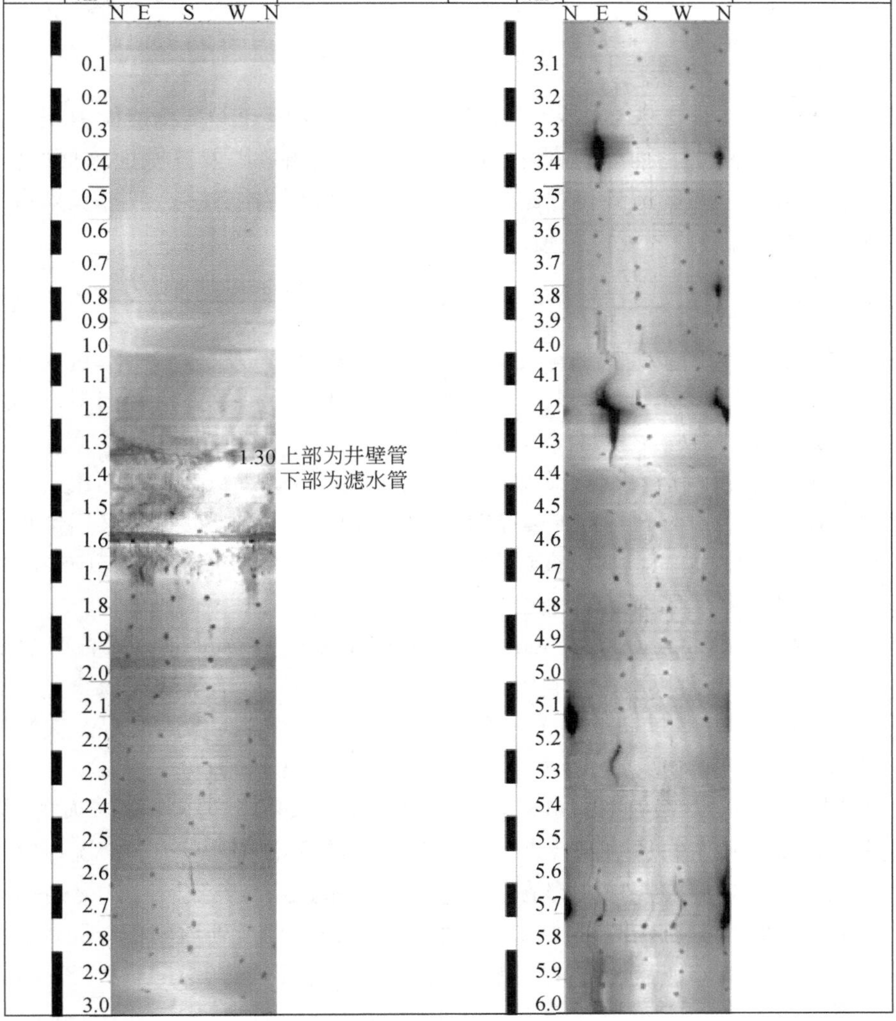

图 7-36　井下电视探查成果

（3）规范化、科学化的井下电视成果储存与展示可作为监测井档案中重要的组成，是监测井管理工作的基础。

7.8 遥感技术在场地环境调查中的应用

7.8.1 倾斜摄影高精细实景三维模型在废弃矿山生态修复工程中的应用

1. 问题描述

为了实施废弃矿山生态修复工程，需对某区域废弃矿山开展高精度倾斜摄影，实现一次航摄，完成高精细实景三维模型建设、1∶500 地形图测量以及开挖面断面图测量工作。该区域由于长期开采，测区地势相对比较陡峭，悬崖和陡坎比较多，底部长期有积水。矿山平均高差约 100m，部分区域高差超过 200m。

2. 实施过程

（1）设备选用。选用了大疆经纬 M600 PRO 无人机搭载成都睿铂 DG4Pros 倾斜五镜头相机（长焦距）进行倾斜摄影测量，该机型单架次续航 14km，作业时间 28min，睿铂 DG4Pros 单镜头 4200 万像素，总像素 2.1 亿。

（2）航飞概况。采用航飞前布设像控点以及区域网方式进行像控点布设，像控点统一布设成平高控制点。由于测区内地形复杂且无明显地物点，像控点布设采用铺设标靶作为像控点。62 个矿坑布设像控点及检查点共计 260 个，所布设像控点均匀分布在每个测区，并在重点部位及高差起伏较大处进行适当加密。

设计航高 220m，地面分辨率 2.5cm，像片航向重叠度 80%，旁向重叠度 70%，单架次作业面积 0.6km^2。倾斜摄影范围自测区外边缘外扩 150m 以满足测区边缘处三维模型完整。无人机工作时间为上午 10 点到下午 3 点，在该时段内测区雾气散尽，天气晴朗，光线适中，微风，适合飞行。共航飞 65 个架次，拍摄照片 185600 张。

（3）数据处理。①影像数据质量检查：使用成都睿铂公司 Sky Scanner 质量检查软件，对航摄成果的质量进行全面、快速检查，确保影像质量可靠、无漏拍等情况。②倾斜摄影测量三维建模：空三处理前使用成都睿铂公司 Sky-Filter 剔除多余航片，提高内业处理效率。对于部分空三结果分层的测区使用成都睿铂公司 Sky-AAC 处理软件对照片进行姿态校正。三维建模使用 Smart3D 建模软件配备 12 个节点进行处理。③DLG 生产：基于空三与模型结果，在南方 CASS 3D 软件中进行 1∶500 地形图测图，并用 Pix4Dmapper 生产正射影像。

3. 调查总结

本项目区域多为废弃矿坑，地形地物较少，施工时对高程要求较高，以检查点高程精度作为项目精度验证，结果满足精度要求。在本项目中，以倾斜摄影测量技术获取的高分辨影像及三维模型为基础，可以快速、高效、高精度绘制出大比例尺地形图，从而能够有效地提升工作效率和工程质量，满足设计及施工需求。三维模型能够直观反映出丰富的地物纹理信息，为生态修复工程设计阶段提供帮助。

7.8.2 高分遥感技术支撑污染地块违规开发利用监管

1. 问题描述

近年来，土地资源的有限性使开发高商业价值的污染地块成为不少地方的选择。"常州外国语学校污染事件""内蒙古'毒地办学'"和"信阳农药厂旧址修复风波"等事件暴露了污染地块开发利用过程中的环境风险。污染地块具有数量多、类型多、分布广、变化快的特点，开展高频、快速和有效地监管，涉及地面信息的获取与分析、调查取证与实地核查等多个环节，仅靠常规的技术手段难以实现。为做好污染地块风险管控工作，根据《中华人民共和国土壤污染防治法》《污染地块土壤环境管理办法（试行）》《污染地块开发利用遥感监管技术指南》和《企业拆除活动污染防治技术规定（试行）》等有关要求，生态环境部卫星环境应用中心利用多时相高分遥感影像对南方某省100多个关闭搬迁企业污染地块开发利用活动开展了遥感监管试点工作。

2. 实施过程

污染地块开发利用遥感监管技术的流程主要包括：数据准备与处理、遥感识别、系统核查、视频和实地核查、报告编制等（图7-37）。

（1）数据准备与处理：收集拟开展遥感监管的地块名录，并对地块名录进行规范化处理；收集多期高分遥感数据，并进行正射校正、裁剪、融合、增强等处理，形成规范的高分遥感影像档案数据。

（2）遥感识别：以高分遥感影像档案数据为基础，依据解译标志，采用遥感分类解译的方法，辅助其他相关资料，识别污染地块开发利用活动迹象，形成具有开发利用活动迹象的地块名录。

（3）系统核查：根据遥感识别的具有开发利用活动迹象地块名录，在污染地块信息系统中查找相关资料，核查开发利用活动的合规性。

（4）视频和实地核查：采用调取视频监控、无人机成像及实地走访等方式进行核查。

（5）报告编制：编制相关报告，制作相关通报单。

3. 调查总结

污染地块遥感监管结果表明，多个污染地块有拆除、修复、建设等开发利用活动迹象。其中，10个污染地块可能存在违规开发情况；10个污染地块在开展拆除、修复等活动。图7-38展示某地块两期遥感影像对比，可以看出地块在2015年有工业活动迹象，2017年已基本拆除。进一步结合无人机成像、实地走访核实等手段，多个污染地块的违规开发情况得到核实。遥感监测结果具有客观、准确、全面、及时性特点，污染地块遥感监管可以成为污染地块风险管控的一种重要手段。

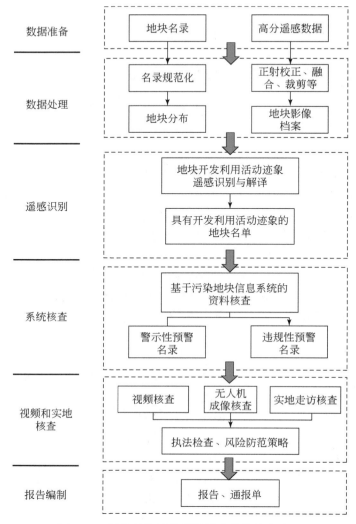

图 7-37 污染地块开发利用遥感监管技术流程

图 7-38 某地块两期遥感影像对比

参 考 文 献

陈能场，郑煜基，何晓峰，等 .2017.《全国土壤污染状况调查公报》探析. 农业环境科学学报，36
　　（9）：1689-1692.

邓一荣，刘丽丽，李韦钰，等 .2019. 基于健康风险评估的棕地再开发利用控规优化研究. 生态经济，
　　（8）：223-229.

董浩斌，王传雷 .2003. 高密度电法的发展与应用. 地学前缘，10（1）：171-176.

杜培军，夏俊士，薛朝辉，等 .2016. 光谱遥感影像分类研究进展. 遥感学报，20（2）：236-256.

何继善 .2007. 频率域电法的新进展. 地球物理学进展，（4）：1250-1254.

黄文诚 .2017. 基于倾斜摄影的城市实景三维模型单体化及其组织管理研究. 西安：长安大学 .

利拉桑德，等 .2016. 遥感与图像解译：第 7 版. 彭望球，译. 北京：电子工业出版社 .

刘汉乐，张闪 .2014. 非均质多孔介质中 LNAPL 污染过程的高密度电阻率成像法监测. 地球物理学进展，
　　29（5）：2401-2406.

刘景兰，葛菲媛，石文学，等 .2021. 井下电视在地下水环境监测井调查中的应用. 中国锰业，39（6）：
　　72-76.

刘丽丽，邓一荣，林挺，等 .2021. 粤港澳大湾区典型化工地块地下水分层调查与风险评估. 环境污染与
　　防治，43（1）：67-72.

刘强，陈晓雯，刘嘉烈，等 .2019. 化工园区水环境中优控化学品的污染特征及风险评估. 华南师范大学
　　学报（自然科学版），51（5）：63-70.

陆海建，邓一荣，邓达义，等 .2021. 城市地块土壤重金属污染的感应电磁法与高密度电阻率法分析. 华南
　　师范大学学报（自然科学版），53（6）：15-22.

沈鸿雁 .2017. 近地表地球物理勘探. 北京：中国环境出版社 .

苏红军 .2022. 高光谱遥感影像降维：进展、挑战与展望. 遥感学报，26（8）：1504-1529.

唐宏，杜培军，方涛，等 .2005. 光谱角制图模型的误差源分析与改进算法. 光谱学与光谱分析，（8）：
　　1180-1183.

滕腾，陈新新，李鹏飞，等 .2018. 人机遥感监测技术在 CO_2 地质封存泄漏风险事故监测中的应用. 水土
　　保持通报，38（3）：136-42.

王宇珊，刘成坚，陈晓燕，等 .2020. 垃圾焚烧厂周边土壤的重金属污染风险评价. 华南师范大学学报
　　（自然科学版），52（5）：57-64.

肖波，李学山，杨富淋，等 .2019. 基于地下电学特征变化监测场地污染的研究. 环境科学与技术，42
　　（6）：163-169.

杨海军，黄耀欢 .2015. 化工污染气体无人机遥感监测. 地球信息科学学报，17（10）：1269-1274.

殷伟庆 .2021. 无人机巡航和水质反演分析在河流环境监测中的应用. 环境与发展，33（3）：7.

于靖靖，梁田，罗会龙，等 .2022. 近 10 年来我国污染场地再利用的案例分析与环境管理意义. 环境科学
　　研究，35（5）：1110-1117.

张兵 .2016. 光谱图像处理与信息提取前沿. 遥感学报，20（5）：1062-1090.

张立川，刘林红，梁新星，等 .2019. 无人机影像采集与 DSM/DEM 模型在铜堆浸场的应用. 云南冶金，

48（6）：7.

张振宇，许伟伟，邓亚平，等．2021.三氯乙烯污染土壤的复电阻率特征和频谱参数研究.地学前缘，28（5）：1-13.

郑刘春，党志，曹威，等．2015.基于改性农业废弃物的矿山废水中重金属吸附去除技术及应用.华南师范大学学报（自然科学版），47（1）：1-12.

Adamson D T, Chapman S, Mahler N, et al. 2014. Membrane interface probe protocol for contaminants in low-permeability zones. Groundwater, 52（4）: 550-565.

Ahmed A M, Sulaiman W N. 2001. Evaluation of groundwater and soil pollution in a landfill area using electrical resistivity imaging survey. Environmental Management, 28（5）: 655.

Aldstadt J, Germain R, Grundl T, et al. 2002. An In-Situ Laser-Induced Fluorescence System for Polycylic Aromatic Hydrocarbon-Contaminated Sediments. Chicago: U. S. Environmental Protection Agency Great Lakes National Program Office.

ALT. 2015. OBI-402G Tool Specifications, product image copied from website in 2015. https://www. alt. lu/optical_televiewer. htm.

Annan A P. 2009. Chapter 1-Electromagnetic Principles of Ground Penetrating Radar//Harry M. Ground Penetrating Radar Theory and Applications. Amsterdam: Elsevier.

Annan P. 2003. Ground penetrating radar principles, procedures and applications. Sensors & Software,（1）: 278.

Aristodemou E, Thomas-Betts A. 2000. DC resistivity and induced polarisation investigations at a waste disposal site and its environments. Journal of Applied Geophysics, 44（2）: 275-302.

ASCT. 2019-12-01. Borehole Geophysics Summary Table. https://asct-1. itrcweb. org/tables_checklists/asct_borehole_geophysics_tool_summary_table. pdf.

Auken E, Boesen T, Christiansen A V. 2017. Chapter Two-A Review of Airborne Electromagnetic Methods with Focus on Geotechnical and Hydrological Applications From 2007 to 2017//Nielsen L. Advances in Geophysics. Amsterdam: Elsevier.

Barcelona M. J. 1994. Site characterization: what should we measure, where（when）and why? EPA/ 600/R-94/162//U. S. Environmental Protection Agency, Office of Research and Development. Proceedings of the Symposium on Natural Attenuation of Ground Water.

Bjerrum, L. 1960. Some notes on Terzaghi's method of working: From theory to practice in soil mechanics. Hoboken: John Wiley and Sons, Inc.

Brown S M. 1990. Technology improves aquifer remediation. Environmental Protection, 7（1）: 29-70.

Brown S M, Lincoln D R, Wallace W A. 1989. Application of the observational method to hazardous waste engineering. Journal of Management in Engineering, 6（4）: 479-500.

Bumberger J, Radny D, Berndsen A, et al. 2012. Carry-over effects of the membrane interface probe. Groundwater, 50（4）: 578-584.

Calamita G, Perrone A, Brocca L, et al. 2015. Field test of a multi-frequency electromagnetic induction sensor for soil moisture monitoring in southern Italy test sites. Journal of Hydrology, 8（3）: 316-329.

Chamberlain T C. 1980. The method of multiple working hypotheses. Science, 148: 754-759.

Cherry J A. 1992. Groundwater Monitoring: Some Deficiencies and Opportunities// Gammage R B, Berven B A. Hazardous Waste Site Investigations: Toward Better Decisions. Chelsea: Lewis Publishers.

Christiansen A V, Auken E. 2012. A global measure for depth of investigation. Aseg Extended Abstracts,（4）: 1-4.

Christy T M. 1998. A permeable membrane sensor for the detection of volatile compounds in soil//11th EEGS

Symposium on the Application of Geophysics to Engineering and Environmental Problems. Paris: European Association of Geoscientists & Engineers.

Cinar H, Altundas S, Ersoy E, et al. 2016. Application of two geophysical methods to characterize a former waste disposal site of the Trabzon-Moloz district in Turkey. Environmental Earth Sciences, 75 (1): 1-16.

Coleman A, Nakles D, McCabe M, et al. 2006. Development of a Characterization and Assessment Framework for Coal Tar at MGP Sites.

Considine T, Robbat A. 2008. On-Site profiling and speciation of polycyclic aromatic hydrocarbons at manufactured gas plant sites by a high yemperature transfer line, membrane inlet probe coupled to a photoionization detector and gas chromatograph/mass spectrometer. Environmental Science & Technology, 42 (4): 1213-1220.

Costanza J, Davis W M. 2000. Rapid detection of volatile organic compounds in the subsurface by membrane introduction into a direct sampling ion-trap mass spectrometer. Field Analytical Chemistry & Technology, 4 (5): 246-254.

Crumbling D M. 2001. Current Perspectives in Site Remediation and Monitoring: Using the Triad Approach to Improve the Cost Effectiveness of Hazardous Waste Site Cleanups, EPA/542-RA-01-016. Washington D. C.: U. S. Environmental Protection Agency, Office of Solid Waste and Emergency Response.

Crumbling D M. 2002. In search of representativeness: Evolving the environmental data quality model. Quality Assurance, 9: 179-190.

Crumbling D M, Griffith J, Powell D M. 2003. Improving decision quality: Making the case for adopting next-generation site characterization practices. Remediation Journal, 13 (2): 91-111.

Daniels J J. 2000. Ground penetrating radar fundamentals. Daniels, Jeffrey J. 2000. Ground Penetrating Radar Fundamentals. Appendix to USEPA Region V Report.

Day-Lewis F D, Johnson C D, Paillet F L, et al. 2011. A computer program for flow-log analysis of single holes (FLASH). Groundwater, 49 (6): 926-931.

Day-Lewis F D, Slater L D, Robinson J, et al. 2017. An overview of geophysical technologies appropriate for characterization and monitoring at fractured-rock sites. Journal of Environmental Management, 204: 709-720.

Everett M E. 2013. Near-Surface Applied Geophysics. Cambridge: Cambridge University Press.

Fukue M, Minato T, Matsumoto M, et al. 2001. Use of a resistivity cone for detecting contaminated soil layers. Engineering Geology, 60: 361-369.

Giang N V, Marquis G, Le H M. 2010. EM and GPR investigations of contaminant spread around the Hoc Mon waste site, Vietnam. Acta Geophysica, 58 (6): 1040-1055.

Gilbert R O, Doctor P G. 1985. Determining the number and size of soil aliquots for assessing particulate contaminant concentrations. Journal of Environmental Quality, 14 (2): 286-292.

Gong S, Deng Y R, Ren K F, et al. 2021. Newly discovered bis-(2-ethylhexyl)-phenyl phosphate (BEHPP) was a ubiquitous contaminant in surface soils from a typical area of South China. Science of the Total Environment, 770: 145350.

Gong S, Ren K F, Ye L J, et al. 2022. GuanyongSu. Suspect and Nontarget Screening of Known and Unknown Organophosphate Esters (OPEs) in Soil Samples. Journal of Hazardous Materials, 436: 129273.

Groothedlin C D D, Constable S C. 1990. Occam's inversion to generate smooth, two-dimensional models from magnetotelluric data. Geophysics, 55 (55): 1613-1624.

Hale J. 2011. Direct-Push, Laser Induced Fluorescence Application to Fractured Rock. Burlington: Fractured Rock and Eastern Ground Water Regional Issues Conference.

Hosek M, Matys Grygar T, Elznicova J, et al. 2018. Geochemical mapping in polluted floodplains using in situ X-ray fluorescence analysis, geophysical imaging, and statistics: Surprising complexity of floodplain pollution hotspot. Catena, 171: 632-644.

Iravani M A, Deparis J, Davarzani H, et al. 2020. The influence of temperature on the dielectric permittivity and complex electrical resistivity of porous media saturated with DNAPLs: A laboratory study. Journal of Applied Geophysics, 172: 103921.

ITRC. 2003. Technical and Regulatory Guidance for the Triad Approach: A New Paradigm for Environmental Project Management. Washington D. C. : Interstate Technology and Regulatory Council.

Jenkins T F. 1996. Sample representativeness: A necessary element in explosives site characterization// U. S. Environmental Protection Agency. Proceedings of the 12th Annual Waste Testing and Quality Assurance Symposium.

Jia X, Cao Y, O'Connor D, et al. 2021. Mapping soil pollution by using drone image recognition and machine learning at an arsenic-contaminated agricultural field. Environmental Pollution, 270: 116281.

Kemna A, Binley A, Ramirez A, et al. 2000. Complex resistivity tomography for environmental applications. Chemical Engineering Journal, 77 (1): 11-18.

Knight J H, P A Ferré, Rudolph D L, et al. 1997. A numerical analysis of the effects of coatings and gaps upon relative dielectric permittivity measurement with time domain reflectometry. Water Resources Research, 33 (6): 1455-1460.

Li X, Jiao W, Xiao R, et al. 2017. Contaminated sites in China: Countermeasures of provincial governments. Journal of Cleaner Production, 147: 485-496.

Liu H, Yang H, Yi F. 2016. Experimental study of the complex resistivity and dielectric constant of chrome-contaminated soil. Journal of Applied Geophysics, (2): 109-116.

Logging W I B G. 2007. Borehole geophysical logging of water-supply wells in the Piedmont, Blue Ridge, and Valley and Ridge, Georgia. Fact Sheet, 4: 2007-3048.

Lopes D D, Silva S, Femandes F, et al. 2012. Geophysical technique and groundwater monitoring to detect leachate contamination in the surrounding area of a landfill raccurate control and reme. Journal of Environmental Management, 113: 481-487.

Lunne T, Robertson P K, Powell J J M. 1997. Cone-penetration testing in geotechnical practice. Soil Mechanics and Foundation Engineering, 46 (6): 237.

Magiera T, Zawadzki J, Szusakiewicz M, et al. 2018. Impact of an iron mine and a nickel smelter at the Norwegian/Russian border close to the Barents Sea on surface soil magnetic susceptibility and content of potentially toxic elements. Chemosphere, 195 : 48-62.

Maia B, Jd A , Hd A, et al. 2020. The influence of temperature on the dielectric permittivity and complex electrical resistivity of porous media saturated with DNAPLs: A laboratory study - ScienceDirect. Journal of Applied Geophysics, 172 : 103921.

Mark D L, Holm L A, Ziemba N L. 1989. Application of the observational method toan operable unit feasibility study—A case study//Proceedings of Superfund 089. Silver Spring: Hazardous Materials Control Research Institute: 436-442.

McCall W. 2010. Tech Guide for Calculation of Estimated Hydraulic Conductivity Log from HPT Data. Geoprobe.

McCall W, Christy T M, Pipp D, et al. 2014. Field application of the combined membrane - interface probe and hydraulic profiling tool (MiHpt). Groundwater Monitoring & Remediation, 34 (2): 85-95.

Mussett A E, Khan M A. 2000. Looking into the Earth: An Introduction to Geological Geophysics. London: Cambridge University Press.

Nielsen D M. 1995. Think remediation during site assessment: The expedited approach. International Ground Water Technology, (1): 15-21.

Peck R B. 1969. Advantages and limitations of the observational method in applied soil mechanics. Geotechnique, 19: 171-187.

Peck R B. 1975. Advantages and Limitations of the Observational Method in Applied Soil Mechanics//Milestones in Soil Mechanics. Edinburgh: Thomas Telford Ltd.

Popek E P. 1997. Investigation versus remediation: perception and reality//Proceedings of the 13th Annual Waste Testing and Quality Assurance Symposium. Washington D. C.: U. S. Environmental Protection Agency.

Puls R W, McCarthy J F. 1995. Well purging and sampling (Workshop Group Summary), in Ground Water Sampling—A Workshop Summary, EPA/600/R- 94/205. Washington D. C.: U. S. Environmental Protection Agency, Office of Research and Development.

Radzevicius S J, Daniels J J. 2000. Ground penetrating radar polarization and scattering from cylinders. Journal of Applied Geophysics, 45 (2): 111-125.

Redman J D. 2009. Chapter 8-Contaminant Mapping//Harry M J. Ground Penetrating 2326 Radar Theory and Applications. Amsterdam: Elsevier.

Robertson P K. 1990. Soil classification using the cone penetration test. Canadian Geotechnical Journal, 27 (1): 151-158.

Robertson P K, Cabal K L. 2008. Guide to Cone Penetration Testing for Geo- Environmental Engineering. 2nd. Signal Hill: Gregg Drilling & Testing, Inc.

Robertson P K, Campanella R G, Gillespie D, et al. 1986. Use of Piezometer Cone Data. Reston: ASCE Specialty Conference: In Situ 86: Use of In Situ Tests in Geotechnical Engineering.

Robertson P K, John Sully D, Woeller J, et al. 2011. Estimating coefficient of consolidation from piezocone tests. Canadian Geotechnical Journal, 29: 539-550.

Ronen D, Magaritz M, Gvirtzman H, et al. 1987. Microscale chemical heterogeneity in groundwater. Journal of Hydrology, 192 (1-2): 173-178.

Schlumberger. 2009-1-1. Log Interpretation Charts. http://pages. geo. wvu. edu/ ~ tcarr/pttc/schlumberger_chartbook. pdf.

Siebert S, Teizer J. 2014. Mobile 3D mapping for surveying earthwork projects using an Unmanned Aerial Vehicle (UAV) system. Automation in Construction, 41: 1-14.

Slater L D, Binley A M, Daily W D, et al. 2000. Cross- hole electrical imaging of a controlled saline tracer injection. Journal of Applied Geophysics, 44 (2-3): 85-102.

Sorensen K I, Auken E. 2004. SkyTEM- A new high- resolution helicopter transient electromagnetic system. Exploration Geophysics, 35 (3): 194-202.

Spurlin M S, Barker B W, Cross B D, et al. 2019. Nuclear magnetic resonance logging: Example applications of an emerging tool for environmental investigations. Remediation Journal, 29 (2): 63-73.

Teramoto E H, Isler E, Polese L, et al. 2019. LNAPL saturation derived from laser induced fluorescence method. Science of the Total Environment, 683: 762-772.

Terzaghi K. 1920. Old Earth Pressure Theories and New Test Results. Engineering News Record: 632.

US Radar. 2019. 2019 IEEE Radar Conference (RadarConf). Boston: 2019 IEEE Radar Conference (RadarConf).

USACE. 1995-1-1. Geophysical Exploration for Engineering and Environmental Investigations. https://www. publications. usace. army. mil/Portals/76/Publications/EngineerManuals/EM_1110-1-1802. pdf.

USDA. 2009. Ground- Penetrating Radar Soil Suitability Maps. https://www. nrcs. usda. gov/wps/portal/nrcs/

detail/soils/survey/geo/? cid=nrcs142p2_053622.

USGS. 2000a. Geophysical logs- Gamma logs. https://www.usgs.gov/media/images/geophysical- logs- gamma-logs.

USGS. 2000b. Geophysical logs- Spontaneous- potential log. https://www.usgs.gov/media/images/geophysical-logs-spontaneous-potential-log.

USGS. 2000c. Geophysical logs- Temperature logs. Survey. https://www.usgs.gov/media/images/geophysical-logs-temperature-logs.

USGS. 2011. FLASH：A Computer Program for Flow- Log Analysis of Single Holes v1. 0. https://www.usgs.gov/node/279273.

USGS. 2016b. Vertical Flowmeter Logging. https://water.usgs.gov/ogw/bgas/flowmeter/.

USGS. 2018a. FLASH：A Computer Program for Flow- Log Analysis of Single Holes. https://water.usgs.gov/ogw/bgas/flash/.

USGS. 2018b. Fractured Rock Geophysical Toolbox Method Selection Tool （FRGT- MST）. https://water.usgs.gov/ogw/bgas/frgt/.

USGS. 2000-11-30a. Geophysical logs-Gamma logs. https://www.usgs.gov/media/images/geophysical-logs- gamma-logs.

USGS. 2000- 12-30b. Geophysical logs- Spontaneous- potential log. https://www.usgs.gov/media/images/geophysical-logs-spontaneous-potential-log.

USGS. 2000-12-30c. Geophysical logs-Temperature logs. https://www.usgs.gov/media/images/geophysical-logs-temperature-logs.

USGS. 2011-3-7. FLASH：A Computer Program for Flow-Log Analysis of Single Holes v1. 0. https://www.usgs.gov/node/279273.

USGS. 2016-12-29. Vertical Flowmeter Logging. https://water.usgs.gov/ogw/bgas/flowmeter/.

USGS. 2018-5-1a. FLASH：A Computer Program for Flow-Log Analysis of Single Holes. https://water.usgs.gov/ogw/bgas/flash/.

USGS. 2018-1-25b. Fractured Rock Geophysical Toolbox Method Selection Tool （FRGT- MST）. https://code.usgs.gov/water/espd/hgb/flash.

U. S. EPA. 1987. Data Quality Objectives for Remediation Response Activities, EPA/540/G-87/003. Washington D. C. : U. S. Environmental Protection Agency, Office of Emergency and Remedial Response.

U. S. EPA. 1994. Guidance for Planning for Data Collection in Support of Environmental Decision Making Using the Data Quality Objectives Process, EPA QA/G4. Washington D. C. : U. S. Environmental Protection Agency, Office of Environmental.

U. S. EPA. 2000. Guidance for the Data Quality Objectives Process （QA/G-4）, EPA/600/R-96/055. Washington D. C. : U. S. Environmental Protection Agency, Office of Environmental Information.

U. S. EPA. 2001. Integrating Dynamic Field Activities into the Superfund Process. Washington D. C. : U. S. Environmental Protection Agency, Office of Emergency and Remedial Response.

U. S. EPA. 2003. Using Dynamic Field Activities for On- Site Decision- Making：A Guide for Project Managers, EPA/540/R-03/002. Washington D. C. : U. S. Environmental Protection Agency, Office of Solid Waste and E-mergency Response.

Weston Solutions Inc. 2014-1-1. Remedial Investigation Report, Savage Municipal Water Supply, Superfund Site OU3, 621 Elm Street, Milford, New Hampshire. https://semspub.epa.gov/work/01/556274.pdf.

Wightman W, Jalinoos F, Hanna K, et al. 2003. Application of geophysical methods to highway related problems.

Washington D. C. : Federal Highway Administration.

Williams J H, Johnson C D. 2004. Acoustic and optical borehole-wall imaging for fractured-rock aquifer studies. Journal of Applied Geophysics, 55 (1-2): 151-159.

Yoon G L, Park J B. 2001. Sensitivity of leachate and fine contents on electrical resistivity variations of sandy soils. Journal of Hazardous Materials, 84: 147-161.

Zhao J, Li W, Xiao C, et al. 2018. Numerical simulation and correction of electricalresistivity logging for different formation dip angles. Journal of Petroleum Science and Engineering, 164: 344-350.